高等职业教育自动化类专业系列教材

机器视觉系统集成与应用

唐　咏　刘书凯　主编

化学工业出版社

·北京·

内 容 简 介

本书按照工学结合、项目化教学要求编写，结合智能制造的发展方向，将机器视觉系统集成的理论知识与生产实际相结合，从机器视觉基础知识着手，通过多个项目，由浅入深地详细讲解了机器视觉的基础原理及实现过程，并尝试解决生产制造智能化的相关问题。

本书包含三个部分：基础篇、实战篇、拓展篇。基础篇介绍了机器视觉系统集成中最基本、最实用的知识，如工业相机、光源、镜头的概念及选型等；实战篇舍弃了机器视觉系统集成中过于枯燥难懂的算法，以国产使用最广泛的机器视觉厂家——海康威视的产品为机器视觉项目载体，将机器视觉系统集成的相关知识点和能力点嵌入相应项目；拓展篇介绍了国际品牌康耐视的 Vision Pro，让学有余力的学生可以探索不同厂家机器视觉系统使用的差异。本书配有丰富的数字化资源（可扫二维码），有完整的在线开放课程供读者学习。本书配套电子课件。

本书适合作为职业院校电气自动化技术、工业机器人技术和机电一体化技术等专业机器视觉课程的教材，也可以作为机器视觉系统集成企业工程技术人员的培训教材。

图书在版编目（CIP）数据

机器视觉系统集成与应用 / 唐咏，刘书凯主编.
北京：化学工业出版社，2025. 7. --（高等职业教育自动化类专业系列教材）. -- ISBN 978-7-122-48019-4

Ⅰ. TP302.7

中国国家版本馆CIP数据核字第2025RQ5398号

责任编辑：葛瑞祎　　　　　　　　　文字编辑：宋　旋
责任校对：宋　夏　　　　　　　　　装帧设计：张　辉

出版发行：化学工业出版社（北京市东城区青年湖南街13号　邮政编码100011）
印　　装：天津千鹤文化传播有限公司
787mm×1092mm　1/16　印张13　彩插2　字数320千字　2025年9月北京第1版第1次印刷

购书咨询：010-64518888　　　　　　售后服务：010-64518899
网　　址：http://www.cip.com.cn
凡购买本书，如有缺损质量问题，本社销售中心负责调换。

定　　价：49.00元

前言

随着工业智能化的快速发展，机器视觉技术已经成为工业智能化不可或缺的关键技术之一。各行各业对机器视觉技术应用的需求开始"井喷式"涌现，机器视觉技术的市场潜力越来越大。如今，中国正成为世界上机器视觉技术发展最活跃的地区之一，应用范围涵盖了工业、农业、医药、军事、航天、天文、交通、安全、科研等国民经济的各个行业。中国已经成为全球制造业的加工中心，高要求的零部件加工及相应的先进生产线，使许多具有国际先进水平的机器视觉系统和应用经验也进入了中国。这对机器视觉技术人才有了更加迫切的需求。

职业教育是为了培养高素质技术技能人才，是培养多样化人才、传承技术技能、促进就业创业的重要途径。本书舍弃了机器视觉软件算法和机器视觉核心系统的底层开发的相关知识，重点培养机器视觉系统集成、运行和维护的能力，旨在让学生以更短的时间、更快的速度了解机器视觉系统，并解决企业实际问题。

本书基于莱茵科斯特智能科技的机器视觉实验平台，结合海康威视的工业相机和西门子 1200 系列 PLC，在综合考虑市场就业需求和工程实例的基础上，分为基础篇、实战篇和拓展篇三个模块。通过模块化学习，读者能够掌握机器视觉的基础知识，如定位、检测、测量、识别等技术，还可以了解机器视觉应用实例，如生产线计数、颜色辨别、条形码检测等。项目化教学方式重点培养学生观察、分析、解决机器视觉实际问题的能力，提高学习效率，也为后续的学习和工作打下坚实的基础。本书内容注重系统性，内容全面实用，将机器视觉的理论与机器视觉集成应用的技术、关键部件、系统设计选型、应用案例相结合，由浅入深，具体特点如下。

1. 以模块为框架，以项目为载体，以任务为驱动

机器视觉是一项综合性较强的技术，其中涉及图像处理、光学成像、传感器、计算机基础、计算机软硬件等。通过本书的三大模块可以学习：图像处理的基本知识，图像的二值化、腐蚀、膨胀等；机器视觉的硬件知识，包括相机、光源、镜头的基本知识和选型等（以海康威视产品为载体）；海康威视 Vision Master 的集成应用以及康耐视 Vision Pro 的使用等。

2. 内容组织符合学生认知规律

在教学的组织上，充分考虑职业院校学生的学习基础和认知规律，内容循序渐进。结合海康威视的产品和莱茵科斯特集成设备，重点讲解机器视觉的应用，方便理解，有助于提高学生学习兴趣。

3. 通俗易懂，实用性强

本书言简意赅，图文并茂，既可以作为自动化类专业机器视觉入门学习教材，也可以供从事机器视觉的技术人员学习参考。本教材结合实际应用，将教、学、用有机结合，有助于读者系统化学习机器视觉，提高机器视觉系统的集成能力。

本书由唐咏、刘书凯主编，储琴、郭琳和王皓铭参与了编写，周皞主审。本书配套了丰富的数字化资源（PPT 及相关视频），有助于读者更好地学习机器视觉的基础知识以及实际操作。本书在编写过程中得到了莱茵科斯特智能科技朱亚飞的大力支持，将大量机器视觉应用案例引入相关项目，有力加强了本书的实用性，其中项目篇的物料识别由朱亚飞编写。

由于编者水平有限，书中难免有不妥之处，敬请读者批评指正。

编者

目录

模块一

基础——机器视觉基础知识

单元一　机器视觉硬件系统

　　什么是机器视觉？机器视觉是人工智能快速发展的一个分支。简单说来，机器视觉就是用机器代替人眼来做测量和判断。机器视觉系统通过机器视觉产品将被摄目标转换成图像信号，传送给专用的图像处理系统，得到被摄目标的形态信息，再将像素分布和亮度、颜色等信息，转变成数字信号；图像系统对这些信号进行各种运算来抽取目标的特征，进而根据判别的结果来控制现场的设备动作。

　　机器视觉主要用计算机来模拟人的视觉功能，但并不仅仅是人眼的简单延伸，更重要的是具有人脑的一部分功能——从客观事物的图像中提取信息，进行处理并加以理解，最终用于实际检测、测量和控制。

　　伴随计算机技术、现场总线技术的发展，机器视觉技术日臻成熟，已是现代加工制造业中不可或缺的一项技术，广泛应用于食品和饮料、化妆品、制药、建材和化工、金属加工、电子制造、包装、汽车制造等行业。机器视觉的引入，代替了传统的人工检测方法，极大地提高了企业投放于市场的产品的质量且提高了生产效率。

　　机器视觉硬件主要由工业相机、光源、镜头、图像采集卡、图像分析处理软件、通信接口等组成。本单元主要阐述工业相机、光源、镜头的基本概念及选型依据。

 **单元目标**

- ● 知识目标

（1）掌握机器视觉的基本组成。

（2）了解机器视觉技术的发展历程和使用场合。

（3）了解相机的分类和基本参数，掌握相机的选型方法。

（4）掌握光源的分类，了解光源的基本参数，掌握光源的选型方法。

（5）了解镜头的分类，掌握镜头的成像原理和基本参数，掌握镜头的选型方法。

- ● 技能目标

（1）能归纳总结机器视觉的基本概念、基本组成和应用场合。

（2）能熟练掌握工业相机的分类和主要参数。

（3）能根据现场要求进行相机选型。

（4）能掌握光源分类、特点及主要参数。

（5）能举一反三进行光源的选型。

（6）能掌握镜头的基本构成及主要参数。

（7）能根据项目要求进行镜头的选型。

- ● 素质目标

（1）能通过自主学习，形成自主学习习惯，提高学习成效，提高逻辑思维能力。

（2）熟练查阅相关资料并且学会总结思考，激发创新能力，提高解决问题的能力。

（3）了解我国自动化水平与国外的差距，树立整体与局部的系统观。

（4）通过分组学习能够了解并尊重团队成员，发扬合作精神，增强团队凝聚力。

一、初识机器视觉系统

（一）机器视觉技术的基本概念

1. 机器视觉的定义

人类在征服自然、改造自然和推动社会进步的过程中，为了克服自身能力、能量的局限性，发明和创造了许多机器来辅助或代替人类完成任务。人类感知外部世界主要是通过视觉、触觉、听觉和嗅觉等感觉，而视觉是人类最重要的感觉功能。据统计，人所感知的外界信息有 80% 以上是由视觉得到的。通过视觉，可以感受到物体的位置、亮度以及物体之间的相互关系等。因此，对于智能机器来说，赋予机器人类的视觉功能对发展智能机器是极其重要的，由此形成了一门新的学科——机器视觉。

机器视觉是利用机器代替人眼进行测量和判断的：通过机器视觉产品将被测物转换成图像信号，并传递给专用的图像处理系统，再将图像信息转换为数字信号，对这些信号进行运算，从而获得目标特征，进而根据判别结果控制现场设备执行相应的动作。美国制造工程师协会（Society of Manufacturing Engineers, SME）机器视觉分会和美国机器人工业协会（Robotic Industries Association，RIA）的自动化视觉分会对机器视觉下的定义为："机器视觉是通过光学的装置和非接触的传感器自动地接收和处理一个真实物体的图像，以获得所需信息或用于控制机器人运动的装置"。

2. 机器视觉系统的构成

典型的机器视觉系统一般包括：工业相机、光源、工业相机镜头、图像采集卡、图像分析处理软件、通信接口等，如图 1-1-1 所示。

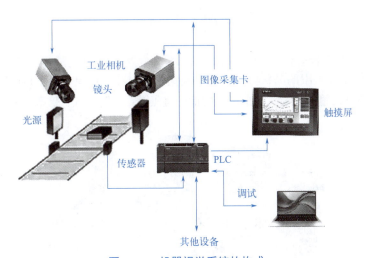

图 1-1-1 机器视觉系统的构成

（1）工业相机

如图 1-1-2 所示，工业相机是机器视觉系统获取原始信息的最主要部分，目前主要使用 CMOS 相机和 CCD 相机。CCD 摄像机以其小巧、可靠、清晰度高等特点在商用与工业领域都得到了广泛的使用。

图 1-1-2　工业相机

（2）光源

在目前的机器视觉应用系统中，好的光源与照明方案往往是整个系统成功的关键。光源与照明方案的配合应尽可能地突出物体特征量，在物体需要检测的部分与那些不重要部分之间应尽可能地产生明显的区别。其中 LED 光源凭借其诸多的优点在现代机器视觉系统中得到越来越多的应用，图 1-1-3 所示为常用光源。

图 1-1-3　常用光源

（3）工业相机镜头

光学镜头相当于人眼的晶状体，在机器视觉系统中非常重要。图 1-1-4 所示的是某品牌工业相机几种不同的镜头。镜头的主要性能指标有焦距、光圈系数、倍率、接口等。

图 1-1-4　工业相机镜头

（4）图像采集卡

在基于 PC 的机器视觉系统中，图像采集卡是控制摄像机拍照，完成图像采集与数字化，协调整个系统的重要设备。

（5）图像分析处理软件

图像分析处理软件通过调用各种算法因子，针对目标特征，设置各种参数，解决长度测量、判断有无、颜色差异、缺陷检测、计数等问题。

（6）通信接口

在机器视觉检测技术中，当前工业相机的数据接口主要有 GigE、USB 3.0、CoaXPress、Camera Link、HS Link、10GigE，还有 IEEE 1394、USB 2.0、LVDS、RS 422、SDI 等。

如图 1-1-5 所示，GigE 接口是基于千兆以太网通信协议开发，并使用高速异步相机接口的标准 Cat-5 和 Cat-6 电缆，适用于工业成像应用，可通过网络传输无压缩视频信号，具有价格低廉、传输距离远等优势。

基于 10GigE 的网络标准支持更高的数据传输速度，具备更远的传输距离，有潜力超越 Camera Link 和 USB 3.0 等接口。

图 1-1-5　GigE 接口

机器视觉系统集成了光源、镜头、图像处理器、标准的控制与通信接口，成为一个智能图像采集与处理单元，内部程序存储器可存储图像处理算法，并能使用 PC 的专用组态软件编制各种算法下载到机器视觉系统的存储器中。机器视觉系统将 PC 的灵活性、PLC 的可靠性、分布式网络技术结合在一起，更容易构成智能检测系统，使得机器视觉系统应用更加广泛。

（二）机器视觉技术发展史

机器视觉是一门快速发展的技术，它在国外的应用已经取得了令人瞩目的成就。无论是在工业自动化、医疗诊断还是智能交通领域，机器视觉都发挥着重要作用。它的发展不仅推动了生产效率的提升，也为人们的生活带来了便利。

1. 国外机器视觉发展史

机器视觉起源于 20 世纪 50 年代，Gilson 提出了"光流"这一概念，并在相关统计模型的基础上发展了逐像素计算模型，标志着二维图像统计模型的发展。当时的工作主要集中在二维图像分析和识别上，如光学字符识别（图 1-1-6），工件表面图像、显微图像和航空图像的分析和解释等。

随着工业自动化生产对技术需求的日益增长，机器视觉开始崛起。其技术探索始于 20 世纪 60 年代中期美国学者 L.R.Roberts 关于理解多面体组成的"积木世界"的研究。

图 1-1-6 机器视觉字符识别

1965 年，L.R.Roberts 通过计算机程序从数字图像中提取出诸如立方体、楔形体、棱柱体等多面体的三维结构，并对物体形状及物体的空间关系进行描述。Roberts 的研究工作开创了以理解三维场景为目的的三维机器视觉的研究。Roberts 对积木世界的创造性研究给人们以极大的启发，许多人相信，一旦由白色积木玩具组成的三维世界可以被理解，则可以推广到理解更复杂的三维场景。于是，人们对积木世界进行了深入的研究。研究的范围从边缘、角点等特征提取，到线条、平面、曲面等几何要素分析，直到图像明暗、纹理、运动以及成像几何等，并建立了各种数据结构和推理规则。

20 世纪 70 年代中期，麻省理工学院（MIT）人工智能（AI）实验室正式开设"机器视觉"（Machine Vision）课程，由国际著名学者 B.K.P.Horn 教授讲授。同时，MIT 的 AI 实验室吸引了国际上许多知名学者参与机器视觉的理论、算法、系统设计的研究。David Marr 教授就是其中的一位。他于 1973 年应邀在 MIT 的 AI 实验室领导一个以博士生为主体的研究小组，1977 年提出了不同于"积木世界"分析方法的计算机视觉（Computational Vision）理论——也就是著名的 Marr 视觉理论，如图 1-1-7 所示。该理论在 20 世纪 80 年代成为机器视觉研究领域中的一个十分重要的理论框架。

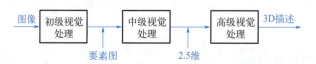

图 1-1-7 Marr 框架理论的视觉三阶段

Marr 建立的视觉计算理论立足于计算机科学，系统地概括了心理生理学、神经生理学等方面已取得的所有重要成果。它使计算机视觉研究有了一个比较明确的体系，并大大推动了计算机视觉研究的发展。人们普遍认为，计算机视觉这门学科的形成与 Marr 的视觉理论有着密切的关系。Marr 视觉计算理论将整个视觉过程所要完成的任务分成三个过程，而获得这些表示的过程依次称为初级视觉、中级视觉和高级视觉。20 世纪 70 年代，已经出现了一些视觉应用系统。

20 世纪 80 年代，机器视觉进入了快速发展时期，对机器视觉的全球性研究热潮开始兴起，不仅出现了基于感知特征群的物体识别理论框架、主动视觉理论框架、视觉集成理论框架等概念，而且产生了很多新的研究方法和理论，无论是对一般二维信息的处理，还是针对三维图像的模型及算法研究，都有了很大的提高。有学者对计算机视觉理论的发展提出了不同的意见和建议，并对 Marr 的理论框架做了种种的批评和补充。

20 世纪 90 年代，机器视觉理论得到进一步的发展，同时开始在工业领域得到应用。同时，机器视觉理论在多视几何领域的应用得到了快速的发展。

由于机器视觉是一种非接触式的测量方式，在一些不适于人工作业的危险工作环境或者人工视觉难以满足要求的场合，常用机器视觉来替代人工视觉。同时，在大批量重复性工业生产过程中，使用机器视觉检测方法可以大大提高生产的效率和自动化程度。

到了 21 世纪，机器视觉技术已经大规模地应用于多个领域。按照应用的领域与细分技术的特点，机器视觉可以进一步分为工业视觉、计算机视觉两类，相应地，其应用领域可以划分为智能制造和智能生活两类，比如工业探伤、自动焊接、医学诊断、跟踪报警、移动机器人、指纹识别、模拟战场、智能交通、智能医疗、无人机与无人驾驶、智能家居等等。

2. 国内机器视觉发展史

第一阶段：1990 ～ 1998 年，真正的机器视觉系统市场销售额微乎其微。主要的国际机器视觉厂商还没有进入中国市场。1990 年以前，仅仅在大学和研究所中有一些研究图像处理和模式识别的实验室。在 20 世纪 90 年代初，一些来自这些研究机构的工程师成立了他们自己的视觉公司，开发了新一代图像处理产品，人们能够做一些基本的图像处理和分析工作。尽管这些公司用视觉技术成功地解决了一些实际问题，例如多媒体处理，印刷品表面检测，车牌识别等，但由于产品本身软硬件方面的功能和可靠性还不够好，限制了它们在工业应用中的发展潜力。另外，一个重要的因素是市场需求不大，工业界的很多工程师对机器视觉没有概念，很多企业也没有认识到质量控制的重要性。

第二阶段：1998 ～ 2002 年，被定义为机器视觉概念引入期。从 1998 年开始，越来越多的电子和半导体工厂，包括香港和台湾投资的工厂，落户广东和上海。随着带有机器视觉的整套的生产线和高级设备的引入，一些厂商和制造商开始希望发展自己的视觉检测设备，这是真正的机器视觉市场需求的开始。设备制造商或 OEM 厂商需要更多来自外部的技术开发支持和产品选型指导，一些自动化公司抓住了这个机遇，走上了不同于上面提到的图像公司的发展道路——做国际机器视觉供应商的代理商和系统集成商。他们从美国和日本引入先进的成熟产品，给终端用户提供专业培训咨询服务，有时也和他们的商业伙伴一起开发整套的视觉检测设备。

经过长期市场开拓和培育，不仅仅是半导体和电子行业，而且在汽车、食品、饮料、包装等行业中，一些顶级厂商开始认识到机器视觉对提升产品品质的重要作用。在此阶段，许多著名视觉设备供应商，如：Cognex、Basler、Data Translation、TEO、SONY，开始接触中国市场并寻求本地合作伙伴，但符合要求的本地合作伙伴寥若晨星。

第三阶段：从 2002 年至今，称为机器视觉发展期，中国机器视觉行业呈快速增长趋势。国内国外从客观比较上看，我国机器视觉行业的起步比较晚，集中度也不是很高，最开始主要是代理国外品牌。近几年，很多的经销商开始自主开发产品，但在行业分布、渠道分销以及成熟的自动化产品等方面还是和国外有一定差距，市场也远远没有饱和。由于国内机器视觉主要应用于工业领域，因此大多企业主要布局在东南沿海制造业发达地区，如广东省、江浙沪等制造重地。同时，机器视觉是人工智能领域中技术壁垒较高的一项技术，而广东省、江浙沪地区以及北京市具备较发达的金融协同环境与创业土壤，属于中国人才主流输入地区，因此此类地区诞生了多个中国机器视觉产业链上中游的龙头企业。其中，广东省在机器视觉检测设备、算法与集成布局上较为完善，江苏省与浙江省的设备制造及系统集成商较多。整体来看，中国机器视觉上游与中游企业主要集中在广东、江浙沪等东部区域，中国中部西部与北部地区的机器视觉企业较少，仍处于发展中阶段。

机器视觉技术是实现工业智能化的必要手段。随着 3D 技术和机器视觉互联互通技术的快速发展，机器视觉智能化水平不断提升，机器视觉技术在工业智能领域的应用会朝着智能识别、智能检测、智能测量以及智能互联的完整智能体系方向发展，从而更好地发挥其高精准度、高效率的作用，为中国智能产业开启"智慧之眼"。

（三）机器视觉应用场景

机器视觉凭借其超越人眼的高精度、高效率、灵活性和可靠性，不断推进企业生产自动化和智能化的进程，节约成本，提高产量，加快企业生产和发展的速度，在消费电子、新能源、半导体、汽车、交通、医药等行业正在发挥着不可替代的作用。

1. 消费电子行业

消费电子行业是指生产和销售消费电子产品的一系列企业。这些产品主要是为了满足个人用户的需求，如电视、手机、电脑、平板电脑、游戏机等，如图 1-1-8 所示。消费电子产品的特点是其价格更低、性能更高，更适合广大消费者使用。

消费电子产品周期短、更新换代快。生产过程中需要大量种类繁多、小尺寸、高精度的元器件。频繁的型号和设计变更导致制造企业需要频繁采购、更新其生产线设备，因此不可避免地需要面对复杂的生产工艺、高精度的检测要求、高成本的人力等问题，而机器视觉正在高精度引导定位贴合、产品二维码的识别、组装检查等工序中发挥其超越人眼的巨大优势。

图 1-1-8　消费电子产品

2. 新能源行业

发展光伏行业是我国能源结构低碳化转型的重要举措。在图 1-1-9 所示的太阳能电池板的生产制造过程中，可能出现微裂纹、断栅、污染、电池劣化、扩散不均、虚印等问题，这些缺陷的存在可能会影响光伏电池的光电转换效率，降低电池使用寿命，影响光伏系统的稳定性。传统的成像系统较难识别出这些缺陷问题，而将机器视觉应用于检测，为光伏产品质量提供了可靠的保证。

图 1-1-9　太阳能电池板

3. 半导体行业

随着芯片产业规模的不断扩张，如图 1-1-10 所示，半导体行业的视觉检测需求也在提升，在微小且高精度的半导体加工过程中，硅片检测、晶圆封装测试、元件放置、表面贴装、锡膏检测等都需要借助机器视觉来完成。通过半导体芯片的检测、线宽的测量以及设备的自动化控制，机器视觉正凭借其高精度、高速、高准确率、非接触性的优势加速企业半导体生产线的运行，降低成本，提升企业效益，同时保证产品的质量和可靠性。

图 1-1-10　半导体行业应用场景

4. 汽车行业

汽车行业是最早采用机器视觉技术进行自动化的行业之一，如图 1-1-11 所示。长期以来，汽车制造行业一直以其创新的工艺而著称，并且它们将继续处于自动化应用技术的最前沿。

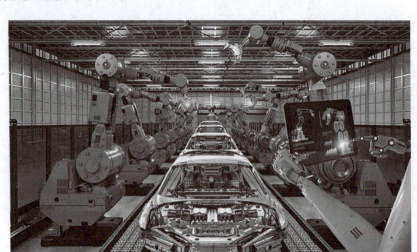

图 1-1-11　汽车制造行业应用场景

机器人视觉是当今汽车工业中机器视觉的重要应用，特别是对于拾取和放置以及物料搬运应用。赋予机器人视觉可以使它们更加灵活。

机器视觉在检测应用中也用得比较多。机器视觉系统比人工检查员更快、更准确地执行零件检查，并且可以全天候检查零件。这不仅提高了效率，而且还提高了产品质量。另外，车辆检测系统借助机器视觉，可以利用各种传感器探测周边车辆的相关信息，包括前后方车辆速度、位置以及障碍物的大小位置等。行人检测系统也是以同样的原理展开应用，通过机器视觉检测出行人的位置。

5. 交通行业

"十四五"交通规划的发布将智慧交通推上新的发展道路，而机器视觉正在不断推进智慧交通行业发展的进程，如图 1-1-12 所示。机器视觉技术可以识别车牌、检测道路违章、分析路况信息等，并对重点枢纽实现全天候、全覆盖、全方位、全过程的实时监控，为交通安全保驾护航。

图 1-1-12　交通行业应用场景

6.医药行业

如图 1-1-13 所示，医药行业是以质量为先的民生行业。保障医药行业的安全性尤为重要。在医疗诊断领域，借助机器视觉系统对医学影像进行分析处理，可以减少误检率，提升诊断效率。在制药行业，机器视觉可以应用在药品外观缺陷检测、包装缺陷检测、注射剂输液产品的可见异物及封口缺陷检测等方面，提升药品质量检测的效率和质量。

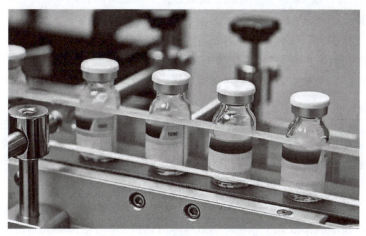

图 1-1-13　医药行业应用场景

习题

（1）简述机器视觉的定义。
（2）机器视觉系统由哪些部分组成？
（3）机器视觉中常用的通信接口有哪些？
（4）机器视觉的行业应用有哪些？
（5）你认为机器视觉发展前景怎样？举例说明。

学习笔记

二、工业相机的选择

（一）工业相机的分类

1. 按照芯片类型分

按照芯片类型可以分为 CCD 相机、CMOS 相机。

图像传感器是工业相机的核心元件，主要有 CCD 和 CMOS 两种。CMOS（Complementary Metal Oxide Semiconductor）传感器如图 1-1-14 所示，是互补金属氧化物半导体。CMOS 图像传感器阵面中的每一个像元都是由三个部分组合而成的，分别是感光二极管、放大器和读出电路。然而由于每个单元独立输出，这也使得每个放大器的输出结果都不尽相同，所以 CMOS 阵列所获取的图像

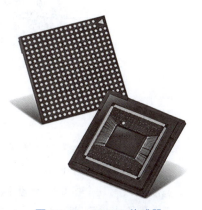

图 1-1-14　CMOS 传感器

噪声较大，图像的质量也相对降低，但是，对于一般的精度要求，还是可以满足的。

在集成电路领域中，CMOS采用的工艺是最基本的工艺，工艺相对来说不复杂，所以成本也不高，具有光电灵敏度较高等优点。它的一些性能参数也在不断被优化，应用也越来越广泛，总体来说，CMOS的性价比还是比较高的。

CCD是一种半导体器件，能够把光学影像转化为数字信号，CCD上植入的微小光敏物质称作像素（Pixel），一块CCD上包含的像素数越多，其提供的画面分辨率也就越高。CCD可提供很好的图像质量、抗噪能力和相机设计灵活性。

工业相机工作时，拍摄对象发出的光通过镜头在CCD上成像。光到达CCD的某个像素时，将根据光的强度产生相应的电荷，将该电荷的大小读取为电信号，即可获得各像素上光的强度（浓度值）。每个像素都是一个可以检测光强度的传感器（光电二极管）。所谓200万像素CCD就是一个由200万个光电二极管构成的集合体。

CCD芯片增加了外部电路，使得系统的尺寸变大，复杂性提高，但在电路设计时可更加灵活，可以尽可能地提升CCD相机的某些特别关注的性能。CCD更适合于对相机性能要求非常高而对成本控制不太严格的应用领域，如天文，高清晰度的医疗X射线影像和其他需要长时间曝光、对图像噪声要求严格的科学应用。

目前，CCD在性能方面仍然优于CMOS。不过，随着CMOS图像传感器技术的不断进步，在其本身具备的高集成性、低功耗、低成本的优势基础上，噪声与敏感度方面有了很大的提升，与CCD传感器的差距正不断缩小。

2. 按照传感器的结构特点分

工业相机按照传感器的结构特点可以分为面阵相机、线阵相机。

面阵相机，如图1-1-15所示，实现的是像素矩阵拍摄。相机拍摄图像时，表现出的图像细节不是由像素多少决定的，而是由分辨率决定的，分辨率则是由选择的镜头焦距决定的。同一种相机，选用不同焦距的镜头，分辨率就不同。像素的多少不决定图像的分辨率（清晰度），图像的分辨率取决于图像的像素和尺寸，像素高且尺寸小的图片，分辨率大，画面看起来更清晰。另外，图像的像素越高，并不意味着画面更清晰，但是在同等清晰度（分辨率）要求的情况下，能够显示更大尺寸的图片。

图1-1-15　面阵相机

面阵相机应用面较广，如面积、形状、尺寸、位置，甚至温度等的测量。

线阵相机如图1-1-16所示，呈"线"状。虽然也是二维图像，但极长。几KB的长度，而宽度却只有几个像素。一般上只在两种情况下使用这种相机：①被测视野为细长的带状，多用于滚筒上检测的问题；②需要极大的视野或极高的精度。在第二种情况下，就需要用激发装置多次激发相机，进行多次拍照，再将所拍下的多幅"条"形图像，合并成一张巨大的图。因此，使用线阵相机，必须用可以支持线阵相机的采集卡。

图 1-1-16　线阵相机

线阵相机主要应用于工业、医疗、科研与安全领域的图像处理。典型应用领域是检测连续的材料，例如金属、塑料、纸和纤维等。被检测的物体通常匀速运动，利用一台或多台相机对其进行逐行连续扫描，以达到对其整个表面均匀检测。可以对其图像一行一行进行处理，或者对由多行组成的面阵图像进行处理。另外，线阵相机非常适合测量场合，这要归功于传感器的高分辨率，它可以准确测量到微米。表 1-1-1 给出了面阵相机与线阵相机的比较。

表 1-1-1　面阵相机与线阵相机的比较

相机类型	优点	缺点
面阵相机	可以获取二维图像信息，测量图像直观	像元总数多，而每行的像元数一般较线阵少，帧幅率受到限制，因此其应用面较广，如面积、形状、尺寸、位置，甚至温度等的测量； 由于生产技术的制约，单个面阵的面积很难达到一般工业测量现场的需求
线阵相机	线阵相机的采集频率比面阵相机的频率高出很多，一般来说，线阵相机的线频率为 5 ～ 100kHz，甚至更高； 线阵相机具有更高的精度； 线阵相机的使用使得机械机构更加简单； 线阵成本大大低于同等面积、同等分辨率的面阵； 线阵获取的图像在扫描方向上的精度可高于面阵图像； 线阵在理论上可获得比面阵更高的分辨率和精度	要用线阵获取二维图像，必须配以扫描运动，而且为了能确定图像每一像素点在被测件上的对应位置，还必须配以光栅等器件以记录线阵每一扫描行的坐标。一般看来，这两方面的要求导致用线阵获取图像有以下不足： 图像获取时间长，测量效率低； 由于扫描运动及相应的位置反馈环节的存在，增加了系统复杂性和成本，图像精度可能受扫描运动精度的影响而降低，最终影响测量精度

3. 按照扫描方式分

按照扫描方式可以分为隔行扫描相机、逐行扫描相机。

隔行扫描：从一帧图像的顶部开始，分为2场，相机在第一个半帧时间里读所有的奇数线（1，3，5，…，479）（奇数场）；然后在第二个半帧时间里又从帧顶开始读所有的偶数线（0，2，4，…，478）（偶数场）。隔行扫描对于机器视觉、图像检测分析可能会产生麻烦。因为相邻的线是在不同时间曝光扫描的，因此任何移动的物体在奇数线和偶数线的位置可能会不同，从而影响了成像质量。

逐行扫描：在机器视觉、图像检测分析应用中，逐行扫描相机正在变得越来越流行。逐行扫描相机从一帧图像中的顶部至底部以自然次序（0，1，2，…，479）进行逐行扫描。一些线性逐行扫描相机具有附加的电路，可把连续采集的数据转换成2：1的隔行扫描格式的数据。

4. 按照分辨率的大小分

按照分辨率的大小可以分为普通分辨率相机、高分辨率相机。

分辨率是屏幕图像的精密度，是指显示器所能显示的像素的多少。由于屏幕上的点、线和面都是由像素组成的，显示器可显示的像素越多，画面就越精细。同样地，在工业相机的概念里，分辨率的大小也是由像素数来表示的。在相同的视场下，分辨率越高就意味着显示的信息越多，能识别的精度越高，也就越能看清图像的细节，所以分辨率是个非常重要的性能指标。

5. 按照输出方式分

按照输出方式可以分为模拟相机、数字相机。

模拟相机与数字相机大有不同，首先，从外观来看，模拟相机和数字相机最大的区别就在于接口的不同。

模拟相机最常用的接口一般有 BNC、莲花头、S-Video 等几种，而这几种接口之间也是可以相互转换的。其中，BNC 是最常见接口，如图1-1-17所示。BNC 接头是一种用于同轴电缆的连接器，全称是 Bayonet Nut Connector。BNC 接头没有被淘汰，因为同轴电缆是一种屏蔽电缆，有传送距离长、信号稳定的优点。另外，还有一些高清的模拟相机，会采用 VGA、HDMI 或其他的接口类型。如图1-1-18所示，高清多媒体接口（High Definition Multimedia Interface，HDMI）是一种全数字化视频和声音发送接口，可以发送未压缩的音频及视频信号。数字相机最常见的接口有 USB、IEEE1394、GigE、CameraLink 等。

图1-1-17　BNC 接口　　　　　　　图1-1-18　HDMI 接口

从数据本身来看，它们就有本质的区别。模拟工业相机输出的是模拟信号，数字工业相机输出的是数字信号。模拟工业相机的 A/D 转换是在工业相机之外进行的，数字工业相机的

A/D 转换是在工业相机内部完成的。

模拟相机输出的是模拟信号，可接监视器或者显示器使用，如果需要对图像进行抓取或处理，则必须接图像采集卡。图像采集卡的作用就是将模拟信号转化为数字信号，便于 PC 采集图像和处理。标准的模拟相机分辨率很低，帧率固定。模拟信号可能会由于工厂内其他设备（比如电动机或高压电缆）的电磁干扰而失真，随着噪声水平的提高，模拟相机的动态范围（原始信号与噪声之比）会降低。动态范围决定了有多少信息能从相机传输给计算机。

数字相机输出的是数字信号，其内部有一个 A/D 转换器，数据以数字形式传输，能够直接显示在电脑或电视屏幕上，因而数字输出相机可以避免传输过程的图像衰减或噪声。数字相机图像质量好，分辨率可选择范围大，帧速高，是做图像处理和视觉检测项目的优质之选。

另外，按照输出色彩可以分为单色（黑白）相机、彩色相机；按照输出信号的速度可以分为普通速度相机、高速相机；按照相应频率的范围可以分为可见光（普通）相机、红外相机、紫外相机。

（二）相机的相关参数设置

工业相机是机器视觉系统中的一个关键组件。工业相机通过机器视觉将被摄目标转换成图像信号，传送给专用的图像处理系统，将像素分布和亮度、颜色等信息，转变成数字信号；图像系统对这些信号进行各种运算来抽取目标的特征，如面积、数量、位置、长度等，再根据预设的允许度和其他条件输出结果，例如尺寸、角度、个数、合格 / 不合格、有 / 无等，进而根据判别的结果来控制现场的设备动作。

工业相机的主要参数如下。

1. 分辨率（Resolution）

分辨率是相机最基本的参数，是指相机每次采集图像的像素点数（Pixels），它由相机所采用的芯片分辨率决定。像素是图像的最小组成单位，将一张图像放大，可以看到每一个小格代表一个像素，其中每一个像素对应一个灰度值。以黑白相机为例，大部分图像传感器可以根据光强度将数据分为 256 个等级（8 位）。在最基本的黑白处理中，黑色（纯黑色）的数值为 "0"，白色（纯白色）的数值为 "255"，其他处于两者之间的颜色则根据光强度转换成其他数值，如图 1-1-19 所示。

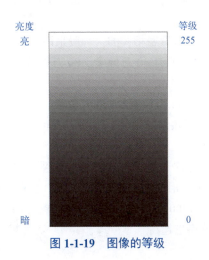

图 1-1-19 图像的等级

换言之，CCD 的每一个像素都有一个位于 "0"（纯黑色）与 "255"（纯白色）之间的数值。例如，对于黑、白各占一半的灰色，其数值为 "127"。如图 1-1-20 所示，图（a）是一张笑脸图，图（b）是用 2500 个像素显示的笑脸。

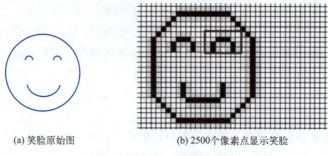

(a) 笑脸原始图　　　　　　　　(b) 2500个像素点显示笑脸

图 1-1-20　笑脸

若将像素数据用 256 级浓淡数据加以表示，笑脸眉毛如图 1-1-21 所示。

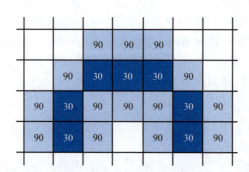

图 1-1-21　笑脸眉毛显示

在采集图像时，相机的分辨率对检测精度有很大的影响，在对同样大的视场（景物范围）成像时，分辨率越高，对细节的展示越明显。

分辨率一般讲多少万像素，这个值是相机的总像素数量，由相机的宽方向像素数 × 高方向像素数得到。如 30 万像素的相机，其分辨率一般为 640×480，总像素数为 307200 像素，即 30.72 万像素。

相机的分辨率与系统的精度是紧密相关的。一般来讲，要求像素精度≥要求的测量精度。市面上比较常见的工业相机的像素有 30 万像素、80 万像素、130 万像素、200 万像素、300 万像素、500 万像素等。

还有一些其他类型的，如 140 万像素、800 万像素、1200 万像素的工业相机。140 万的较少选择，因为很容易被 130 万像素的代替，而高于 500 万像素的工业相机，目前来看其成本是非常高的。

在实际应用中，可能还会有一些其他分辨率的工业相机，如 200 万像素的工业相机（1600×1200），300 万像素的工业相机（2000×1500）等。也有一些大分辨率的高清工业相机，如 800 万像素、1100 万像素、1400 万像素、1600 万像素、2100 万像素、2400 万像素、2900 万像素等。像素越高，通常价格也越高。

以上都是面阵相机，另外还有一大类就是线阵相机。线阵相机通常只有一条线，通过运动扫描的方式拼接得到图像。一般黑白相机是单行的，如 2K 的工业线阵相机，通常是 2048×1，即宽有 2048 点，高只有 1 像素。4K 则有 4096 个像素，其他也有如 6K、8K、12K、16K 之类的。如果需要使用高分辨率的线阵相机，可以考虑使用 16K 的进行扫描。这种高分辨率的线阵相机，通常需要有比较稳定的运动平台，这样拼接的图像产生失真变形的概率更低，图像效果更加清晰。

分辨率的选择，主要根据待测物体的尺寸估算出视野大小，再结合精度要求，最后确定需要的工业相机分辨率。例如：若物体尺寸为 50mm，则视野可以估算为 50×1.2=60（mm），若单个像素的精度要求为 0.02mm，则分辨率为 50×1.2/0.02=3K。选择相机不一定是分辨率越高就越好，分辨率越高带来的图像数据量就越大，后期的算法处理就越复杂。

2. 像素深度（Pixel Depth）

像素深度即每像素数据的位数，常见的像素深度有以下几种。

8bit 位深度：每个像素用 8 位（1 字节）来表示。它能表示 256 种不同的颜色，通常用于灰度图像。

16bit 位深度：每个像素用 16 位（2 字节）来表示。它能表示 65536 种不同的颜色，通常用于医学图像和遥感图像等需要更高精度的领域。

24bit 位深度：每个像素用 24 位（3 字节）来表示。它能表示 16777216 种不同的颜色，通常用于彩色图像。

32bit 位深度：每个像素用 32 位（4 字节）来表示。它在表示颜色的同时还可以存储其他的信息，比如透明度。通常用于图像处理中的特殊需求。

例如，一幅彩色图像的每个像素用 R、G、B 三个分量表示，若每个分量用 8 位表示，那么一个像素共用 24 位表示，也就是说像素的深度为 24，每个像素可以是 16777216（2^{24}）种颜色中的一种。在这个意义上，往往把像素深度说成是图像深度。表示一个像素的位数越多，它能表达的颜色数目就越多，而它的图像深度就越深，表达图像细节的能力越强，这个像素的灰阶值更加丰富、分得更细，像素的灰阶深度就更深，但同时数据量也越大，影响系统的图像处理速度，因此也需慎重选择。

分辨率和像素深度共同决定了图像的大小。例如对于像素深度为 8bit 的 500 万像素，则整张图像应该有 2560×2048×8/8/1024/1024=5MB。

3. 最大帧率（Frame Rate）/ 行频（Line Rate）

工业相机的最大帧率 / 行频表示单位时间内相机采集图像的速率。

面阵相机采集传输图像的速率，对于面阵相机一般为每秒采集的帧数（帧 /s），通常帧率是相对于面阵工业相机来说的，单位是 fps，如 181fps，即相机每秒最多可采集 181 帧图像。

行频一般是相对于线阵工业相机来说的，即每秒采集的行数（行 /s），单位是 kHz，如 80kHz，即相机每秒内最多可采集 80000 行图像数据。

4. 曝光方式（Exposure）和快门速度（Shutter Speed）

线阵相机都是采用逐行曝光的方式，可以选择固定行频和外触发同步的采集方式，曝光时间可以与行周期一致，也可以设定一个固定的时间；面阵相机有帧曝光、场曝光和滚动行曝光等几种常见曝光方式，数字相机一般都提供外触发采图的功能。

快门速度指的是拍摄时照片曝光的时间，是控制曝光的三大要素之一。快门速度越高，曝光量越小，相机成像越暗。光亮过于强烈，可以使用高速快门获得恰当曝光。快门速度越高越能定格高速运动的被摄体。相反，快门速度越低，曝光量越大，越容易将暗处拍亮，运动被摄体越容易拍模糊。利用低速快门可以进行长时间曝光。快门速度一般可达 10μs，高速相机还可以更快。

5. 像元尺寸（Pixel Size）

像元是相机芯片上最小的感光单元，每个像元对应一个像素。数字相机像元尺寸为 3～10μm，一般像元尺寸越小，制造难度越大，图像质量也越不容易提高。

像元大小和分辨率共同决定了成像靶面的大小，比如某款相机最大分辨率为 2000×1000，像元大小为 10μm，那么最大成像靶面为 20mm×10mm，如果某次拍摄只用到了 800×600 分辨率，那么实际使用成像靶面大小为 8mm×6mm。

通常相机感光芯片大小都是用斜对角线长度表示的。根据高斯成像公式：在分辨率一样、物距不变、镜头一样的情况下，像元越大意味着拍摄的视野范围越大。

例如，A 相机，800×600、像元 14μm，其拍摄视野大小为 16mm×12mm，此时其他条件不变的情况下，换成 B 相机，800×600、像元 7μm，那么 B 相机拍摄的视野范围仅为 A 相机的一半，只有 8mm×6mm。

6. 光谱响应特性（Spectral Response Characteristics）

工业相机光谱响应特性指该像元传感器对不同光波的敏感特性。一般来说，相机的光谱响应曲线可以分为三个区域：红色、绿色和蓝色，波长大概是 350～1000nm。不同颜色的波长光会在不同区域内产生不同的响应。其中，红色波长光会在红色区域内产生最强的响应，而蓝色波长光则会在蓝色区域内产生最强的响应。在绿色区域内，相机对绿色波长光的响应最强，这也是人眼对光线最敏感的波长区域。

7. 接口类型

工业相机的接口类型有 Camera Link 接口（图 1-1-22）、以太网接口、1394 接口、USB 输出接口、CoaXPress 接口等。

图 1-1-22　Camera Link 接口

（三）工业相机的选型

1. 工业相机与普通相机的区别

① 工业相机的性能稳定、可靠，易于安装；相机结构紧凑、结实，不易损坏；连续工作时间长；可在较差的环境下使用；一般的数码相机是做不到这些的。例如：让民用数码相机一天工作 24h 或连续工作几天肯定会受不了的。

② 工业相机的快门时间非常短，可以抓拍高速运动的物体。例如，把名片贴在电风扇扇叶上，以最大速度旋转，设置合适的快门时间，用工业相机抓拍一张图像，仍能够清晰辨别名片上的字体。用普通的相机来抓拍，是不可能达到同样效果的。

③ 工业相机的图像传感器是逐行扫描的，而普通的相机的图像传感器是隔行扫描的，逐行扫描的图像传感器生产工艺比较复杂，成品率低，出货量少，世界上只有少数公司能够提供这类产品，例如 DALSA、SONY，而且价格昂贵。

④ 工业相机的帧率远远高于普通相机。工业相机每秒可以拍摄十幅到几百幅图像，而普通相机只能拍摄 2 ～ 3 幅图像，相差较大。

⑤ 工业相机输出的是裸数据（Raw Data），其光谱范围也往往比较宽，比较用进行高质量的图像处理算法进行处理，例如机器视觉（Machine Vision）应用。而普通相机拍摄的图像，其光谱范围只适合人眼视觉，并且经过了 MJPEG 压缩，图像质量较差，不利于分析处理。

⑥ 工业相机（Industrial Camera）相对普通相机（DSC）来说价格较贵。

2. 相机选型注意事项

① 精度满足要求。
② 确定色彩要求。
③ 曝光时间，如何拍摄运动的物体。
④ 帧率\数据接口。
⑤ 芯片尺寸。
⑥ 镜头接口。
⑦ 其他相关事宜。

3. 相机选型举例

某智能生产线上有大小为 115mm×85mm 的被检测对象，检测速度为 120 个 /min，要求检测精度为 0.1mm，没有颜色检测要求，通信距离为 12m。先按要求选择合适参数的工业相机。

选型步骤如下：

① 确定视野大小，要比检测对象略大。这里选择 120mm×90mm。
② 根据检测精度选择对应的像素分辨率：1280×1024 差不多可以提供 0.09mm/ 像素的精度。
③ 运动中检测，需要选用全局曝光的相机。
④ 检测速度，120 个 /min，2 帧以上的帧率就能满足使用。
⑤ 没有颜色检测要求，黑白相机就能满足使用。
⑥ 通信距离 12m，需要使用千兆网的相机才能实现该通信距离。
⑦ 最终选择 130 万像素、1280×1024、全局曝光的千兆网黑白相机，帧率大于 2 帧。查询相机厂家的样本，选择海康 MV-CU013-A0GM/GC，如图 1-1-23 所示。

图 1-1-23　海康 MV-CU013-A0GM/GC 相机

海康 MV-CU013-A0GM/GC 是工业面阵相机，像素为 130 万，采用 CMOS 传感器，内置多种图像预处理功能。采用千兆以太网接口，快速实时传输非压缩数据，最高帧率可达91.3fps。工业相机技术参数如表 1-1-2 所示。

表 1-1-2　海康 MV-CU013-A0GM/GC 工业相机技术参数

型号	MV-CU013-A0GM	MV-CU013-A0GC
	130 万像素 1/2″ 千兆以太网工业面阵相机	
参数		
传感器类型	COMS，全局快门	
像元尺寸	4.8μm×4.8μm	
靶面尺寸	1/2″	
分辨率	1280×1024	
最大帧率	91.3fps@1280×1024Mono 8	91.3fps@1280×1024 Bayer GB 8
动态范围	54dB	
信噪比	40.6dB	
增益	0 ~ 16dB	
曝光时间	10μs ~ 10s	
快门模式	支持自动曝光、手动曝光、一键曝光模式	
黑白 / 彩色	黑白	彩色
像素格式	Mono8/10/10Packed/12/12 Packed	Bayer GB8/10/10 Packed/12/12 Packed
Binning	支持 1×1，2×2，4×4	
下采样	支持 1×1，2×2，4×4	
镜像	支持水平镜像、垂直镜像输出	
电气特性		
数据接口	Gigabit Ethernet（1000Mbit/s）兼容 Fast Ethernet（100Mbit/s）	
数字 I/O	6-pin P7 接口提供电源和 I/O：1 路输入（Line0），1 路输入（Line1），1 路双向可配置 I/O（Line2）	
供电	9 ~ 24V DC，PoE 选配	
典型功耗	1.8W@12V DC	
结构		
镜头接口	C-Mount	
外形尺寸	29mm×29mm×42mm	
质量	约 100g	
IP 防护等级	IP30（正确安装镜头及线缆的情况下）	
温度	工作温度 0 ~ 50℃。储藏温度 -30 ~ 70℃	
湿度	20% ~ 95% 无冷凝	
一般规范		
软件	MVS 或第三方支持 GigE Vision 协议的软件	
操作系统	Windows XP/7/10 32/64bits，Linux 32/64bit，MacOS 64bits	
协议 / 标准	GigE Vision V2.0，GenICam	
认证	RoHS，CE，FCC，KC	

4. 相机选型的其他影响因素

① 焦距大小的影响情况：焦距越小，景深越大；焦距越小，畸变越大；焦距越小，渐晕现象越严重，图像边缘亮度低于中心。

② 光圈大小的影响情况：光圈越大，图像亮度越高；光圈越大，景深越小；光圈越大，分辨率越高。

③ 像场中央与边缘（像高）：一般情况下图像中心比边缘分辨率高，图像中心比边缘光场照度高。

习题

（1）相机按照芯片类型可分为：＿＿＿＿＿＿
＿＿＿＿＿＿＿相机和＿＿＿＿＿＿＿相机。按照传感器的结构特点可以分为＿＿＿＿＿＿＿＿相机和＿＿＿＿＿＿＿＿相机。

（2）面阵相机应用面较广，如＿＿＿＿、
＿＿＿＿＿、＿＿＿＿＿、＿＿＿＿＿，甚至温度等的测量。

（3）＿＿＿＿＿是相机最基本的参数，是指相机每次采集图像的像素点数（Pixels），它由相机所采用的芯片分辨率决定。＿＿＿＿＿是图像的最小组成单位。

（4）以图 1-1-24 所示的 iPad mini 为例，假设检测精度为 0.01mm。如采用面阵相机，需要几台？若采用线阵相机需要几台？

134.7mm

200mm

图 1-1-24　iPad mini 尺寸

学习笔记

习题

（5）工业相机与普通相机有什么区别？

（6）在 8 位的灰度图像中，纯白色的灰度值是_____。

（7）用横向 640 像素、纵向 480 像素的 CCD 相机，拍摄纵向 48mm 的视野，其像素分辨率是多少？

（8）用纵向 2000 像素的 CCD 相机，以 5mm 的视野进行拍摄，其像素分辨率是多少？

（9）假如客户的视场是 100mm×75mm，精度要求 0.05mm，那么相机的像素至少为多少？

学习笔记

三、光源的选择

要顺利进行图像分析就需要一幅好的图像。一幅好的图像应该对比度明显，目标与背景的边界清晰；整体亮度均匀，整体不均匀灰度差不影响图像处理；背景尽量淡化而且均匀，不干扰图像处理；与颜色有关的还需要颜色真实，亮度适中，不过度曝光。

由于没有通用的机器视觉照明设备，所以针对每个特定的应用实例，要设计相应的照明装置，以达到最佳效果。机器视觉系统的光源的价值也正在于此。

通过这部分内容的学习，能够在了解光的基本概念的基础上，掌握光源的参数和不同的照射方式；能够根据工程要求，选择合适的光源。

（一）光的基本概念

光的本质是电磁波，是整个电磁波谱中极小范围的一部分。如图 1-1-25 所示，可见光的波长为 380～760nm。在可见光谱中，每一种波长对应一种颜色。在机器视觉中，较常见的有红、绿、蓝颜色的光源。

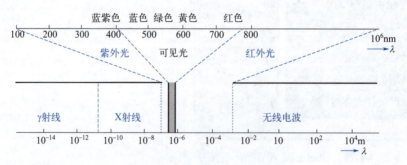

图 1-1-25 光的波长分布情况

物体的颜色是其反射光线的原因，如果看到的物体是红色的，那么这个物体就反射红光；

其他颜色的光都被它吸收了（可见光由七种颜色的光复合而成，它们是红、橙、黄、绿、蓝、靛、紫光；一般认为是红、橙、黄、绿、青、蓝、紫光），光的颜色不同主要是因为它们的波长不同，即只有 380～760nm 的可见光才能刺激你的眼睛，让眼睛产生"视觉"，大脑就会对这些视觉刺激产生反应，并告知"颜色"到底是"红色"还是"绿色"；通常情况下让大脑产生"红色"刺激的光波长大概是 620～760nm，而让大脑产生"绿色"的光波长大概是 520～560nm。

在拍摄物体时，如果要将某种颜色打成白色，那么就用与此颜色相同或相似的光源，即使用物体的原色照明；而如果需要打成黑色，则需要选择与目标颜色波长差异较大的光源，即补色光源进行照明，如红色物体在蓝色光下为黑色。

光在同种均匀介质中沿直线传播。几何光学中光的传播规律有以下三种。

① 光的直线传播规律。光在同种均匀介质中总是沿着直线传播的；光在同种均匀介质中沿着直线传播的速度恒定。

② 光的独立传播规律。两束光在传播过程中相遇时互不干扰，仍按各自途径继续传播，当两束光会聚在同一点时，在该点上的光能量是两束光光能量的简单相加。

③ 光的反射和折射定律。光传播途中遇到两种不同介质的分界面时，一部分反射，一部分折射。反射光线遵循反射定律，折射光线遵循折射定律。

光的反射是光遇到别的媒介分界面而部分或全部仍在原物质中传播的现象，如图 1-1-26 所示。其由表面返回辐射，不改变波长。反射可以是从光滑的表面反射，称为镜面反射；也可以是从粗糙的表面反射，称为漫反射。

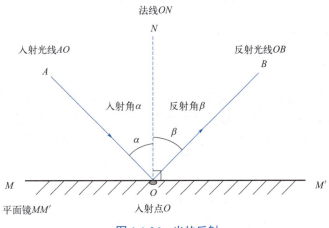

图 1-1-26　光的反射

光从一种透明介质（如空气）斜射入另一种透明介质（如水）时，传播方向一般会发生变化，这种现象叫光的折射，如图 1-1-27 所示。折射现象在机器视觉的镜头设计中肯定是要涉及的。不考虑折射，是无法设计出好的镜头的。

衍射又称为绕射，是波遇到障碍物或小孔后通过散射继续传播的现象。衍射现象是波的特有现象，一切波都会发生衍射现象。在机器视觉系统中选择光源时，有时需要考虑衍射现象，物体表面不可能是理想的平面，因此这个不平的表面上是会产生衍射现象的。图 1-1-28 所示是衍射在手表表面划痕检测中的应用。

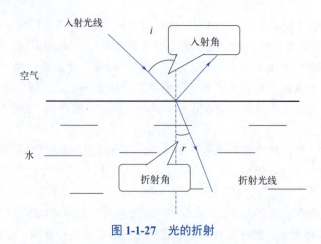

图 1-1-27　光的折射

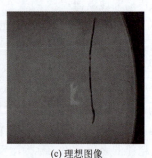

(a) 原始图像　　　　　　(b) 一般图像　　　　　　(c) 理想图像

图 1-1-28　手表表面划痕检测

利用光的反射、折射和衍射，进行合适的光照射方式，可以得到更好的检测效果。

(二) 光源的作用

适当的光源照明设计，可以帮助我们获得一幅好的图像，好的图像中的目标信息与背景信息有很好的分离效果，可以大大降低图像处理算法分割、识别的难度，同时提高系统的定位、测量精度，使系统的可靠性和综合性能得到提高。反之，如果光源设计不当，会导致在图像处理算法设计和成像系统设计中事倍功半。因此，光源及光学系统设计的成败是决定系统成败的首要因素。

合理的光源选择，必须考虑光源不同的参数和特征，其中包括光源的几何尺寸、光源的类型、光源颜色 (波长)、待检测材料的表面特性 (如颜色、反射率等)、物体的形状和尺寸、物件的速度 (产线应用)、机械限制、环保考量及成本等。

在机器视觉系统中，光源的作用至少有以下几种：

① 照亮目标，提高目标亮度；

② 形成最有利于图像处理的成像效果；

③ 克服环境光干扰，保证图像的稳定性；

④ 用作测量的工具或参照。

(三) 光源分类及特点

光源是指能够产生光辐射的辐射源，一般分为天然光源和人造光源。天然光源是自然界中存在的辐射源，如太阳、天空等。

　　人造光源是人为将各种形式的能量（热能、电能、化学能）转化成光辐射能的器件，其中利用电能产生光辐射的器件称为电光源。按照发光机理，人工光源分类如表 1-1-3 所示。

表 1-1-3　人工光源分类

分类	举例
热辐射光源	白炽灯、卤钨灯
	黑体辐射器
气体放电光源	汞灯
	荧光灯
	钠灯
	金属卤化物灯
	氙灯
	空心阴极灯
固体反光光源	场致发光二极管
	发光二极管
	空心阴极灯
激光器	气体激光器
	固体激光器
	燃料激光器
	半导体激光器

（四）光源的基本参数及设置

　　① 辐射效率和发光效率。在给定 $\lambda_1 \sim \lambda_2$ 波长范围内，某一光源发出的辐射通量与产生这些辐射通量所需的电功率之比，称为该光源在规定光谱范围内的辐射效率。

　　在机器视觉系统设计中，在光源的光谱分布满足要求的前提下，应尽可能选用辐射效率较高的光源。某一光源所发射的光通量与产生这些光通量所需的电功率之比，称为该光源的光效率。在照明领域或者光度测量系统中，一般应选用发光效率较高的光源。

　　② 光谱功率分布。自然光源和人造光源大都是由单色光组成的复色光。不同光源在不同光谱上辐射出不同的光谱功率，常用光谱功率分布来描述。若令其最大值为 1，将光谱功率分布进行归一化，那么经过归一化后的光谱功率分布称为相对光谱功率分布。

　　③ 空间光强分布。对于各向异性光源，其发光强度在空间各方向上是不相同的。若在空间某一截面上，自原点向各径向取矢量，矢量的长度与该方向的发光强度成正比。将各矢量的断点连起来，就得到光源在该截面上的发光强度曲线，即配光曲线。

　　④ 光源的色温。黑体的温度决定了它的光辐射特性。对非黑体辐射，它的某些特性常可用黑体辐射的特性来近似地表示。对于一般光源，经常用分布温度、色温或相关色温

表示。

⑤ 光源的颜色。光源的颜色包含了两方面的含义，即色表和显色性。用眼睛直接观察光源时所看到的颜色称为光源的色表。例如，高压钠灯的色表呈黄色，荧光灯的色表呈白色。当用这种光源照射物体时，物体呈现的颜色（也就是物体反射光在人眼内产生的颜色感觉）与该物体在完全辐射体照射下所呈现的颜色的一致性，称为该光源的显色性。

⑥ 光源的寿命。机器视觉系统多用于工业现场，系统与器件的维护是用户关心的重要问题。采用长寿命光源降低后期维护费用是用户的广泛需求。常用的集中可见光源有白炽灯、日光灯、水银灯和钠光灯，这些光源的一个最大缺点是光不能保持长期稳定，衰减较快。以日光灯为例，在使用的第一个 100h 内，光能将下降 15%，随着使用时间的增加，光能还将不断下降。因此，如何使光能在一定的程度上保持稳定，是实用化过程中亟待解决的问题。

机器视觉的核心是图像采集及处理。所有的信息都来自图像，光源是影响机器视觉成像水平的重要因素，至少直接影响输入图像 30% 的应用效果。光源选型对成像的影响如图 1-1-29 所示。

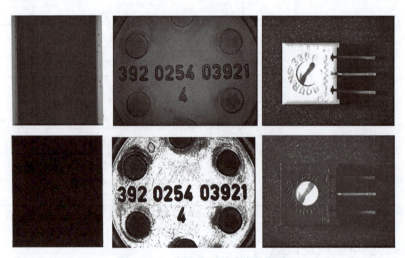

图 1-1-29　光源选型对成像的影响

在机器视觉应用中，光源的选择和打光方式对于图像质量至关重要。针对不同的检测对象，要凸显其被测特征，就要对光源的结构形状、发光角度、照度大小等产生特定的要求，因而成像效果也千差万别。合适的光源打光可以使图像中的目标特征与背景信息达到最佳分离效果，从而大大降低图像处理的难度，提高系统的精度和可靠性。机器视觉光源的打光方式有很多种，每种打光方式都有其特定的应用场景和优势，选择合适的打光方式对于提高机器视觉系统的检测准确性和效率至关重要。

1. 明视野与暗视野

如图 1-1-30 所示，明视野是用直射光来观察对象物整体，散乱光呈黑色，因此背景为白色，而被测物体则呈现较暗的像。暗视野是用散射光来观察对象物整体，直射光呈白色。它的特点和明视野不同，不直接观察到照明的光线，而观察到的是被检物体反射或衍射的光线。因此，视场为黑暗的背景，而被检物体则呈现明亮的像。

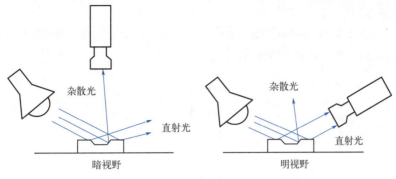

图 1-1-30 暗视野与明视野

2. 低角度无影光源照明

如图 1-1-31 所示，低角度无影光源是采用独特的照射结构，从 LED 发出的光均匀地扩散照射，柔性线路板以 90°的角度固定，经漫反射板折射后低角度照射在被测物体上，对目标区域进行高效的低角度照明，以强化表面特征的一种光源。

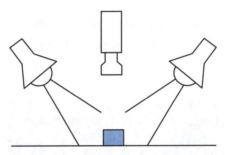

图 1-1-31 低角度无影光源照明

低角度照明又称为暗视野照明，也就是被测物体表面大部分反光都不进入摄像头，故背景呈黑色，只有物体高低不平之处的反光进入摄像头，比如金属表面划痕的检测，背景呈黑色，划痕呈白色。低角度无影光源照明与普通照明对比如图 1-1-32 所示，低角度照明更能凸显物体表面特征。

图 1-1-32 低角度无影光源照明与普通照明对比

3. 前向光直射照明

图 1-1-33 所示为前向光直射照明，也就是被测物体表面大部分反光都能进入摄像头，故背景呈白色，比如物体表面突出特征的检测。

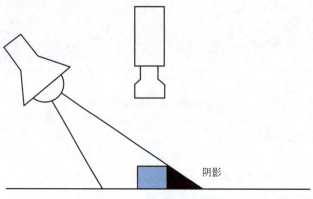

阴影

图 1-1-33　前向光直射照明

前向光直射照明是较大方形结构被测物的首选光源；颜色可根据需求搭配，自由组合；照射角度可随意调整。这种照明也称为明视野照明。前向光直射照明所拍摄的效果如图 1-1-34 所示。

图 1-1-34　前向光直射照明所拍摄的效果

4. 前向光漫射照明

图 1-1-35 所示为前向光漫射照明，能提供不同的照射角度、不同的颜色组合，更能突出物体的三维信息；高密度 LED 阵列，高亮度；多种紧凑设计，节省安装空间；解决对角照射阴影问题；可选配漫射板导光，光线均匀扩散。

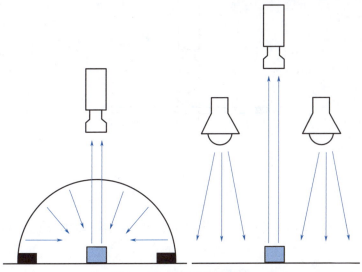

图 1-1-35　前向光漫射照明

前向光漫射照明适合高反光平整材质的物体检测，可以减少细小变形、褶皱的影响。图 1-1-36 所示为前向光漫射照明与普通照明对比。

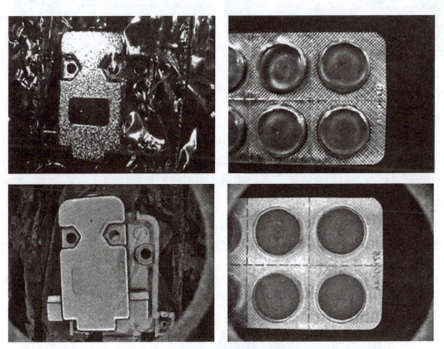

图 1-1-36　前向光漫射照明与普通照明对比

5. 背光照明

图 1-1-37 所示为背光照明，用高密度 LED 阵列面提供高强度背光照明，能突出物体的外形轮廓特征，尤其适合作为显微镜的载物台。红白两用背光源、红蓝多用背光源，能调配出不同颜色，满足不同被测物的多色要求。

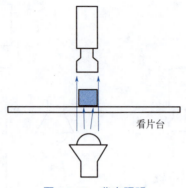

图 1-1-37　背光照明

背光照明应用实例如图 1-1-38 所示，图（a）灯丝采用环形光照明，图（b）灯丝采用背光照明。

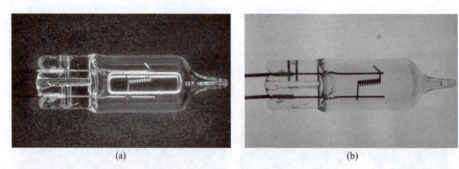

(a)　　　　　　　　　　(b)

图 1-1-38　背光照明应用实例

6. 颜色与补色

假如两种色光（单色光或复色光）以适当的比例混合而能产生白色感觉时，则这两种颜色就称为"互为补色"，如图 1-1-39 所示。例如，品红与绿、黄与蓝，亦即三原色中任一种原色对其余两种混合色光都互为补色。补色相减（如颜料配色时，将两种补色颜料涂在白纸的同一点上）时，就成为黑色。补色并列时，会引起强烈对比的色觉，会感到红的更红、绿的更绿。如将补色的饱和度减弱，即能趋向调和，称为减色混合。能把白光完全反射的物体叫白体；能完全吸收照射光的物体叫黑体（绝对黑体）。

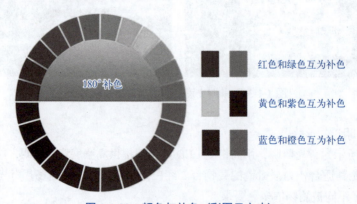

图 1-1-39　颜色与补色（彩图见文末）

巧妙地选择照明色及运用补色的手法，可使难以摄取的图像一举成功，或能取得更为优质的图像。如图 1-1-40 所示，使用不同光源照射，能达到不同的效果。

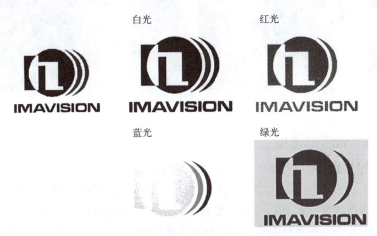

图 1-1-40　使用不同光源照射的不同效果（彩图见文末）

7. 偏光技术的应用

如图 1-1-41 所示，偏光（Polarized Light）又称偏振光。可见光是横波，其振动方向垂直于传播方向。自然光的振动方向，在垂直于传播方向的平面内是任意的；对于偏光，其振动方向在某一瞬间，被限定在特定方向上。

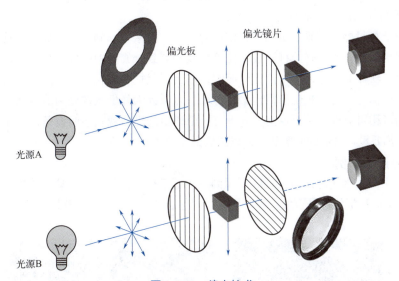

图 1-1-41　偏光技术

偏光可分为三种，即直线偏光、椭圆偏光和圆偏光。一般所谓偏光指直线偏光，又称平面偏光。这种光波的振动沿一个特定方向固定不变，在空间的传播路线为正弦曲线，在垂直传播方向平面上的投影为一直线。直线偏光振动方向与传播方向组成的平面叫作振动面，与振动方向垂直并包含传播方向的面叫偏振面。使自然光通过偏光镜，可以获得直线偏光，在晶体光学研究中经常使用。图 1-1-42 所示为偏光技术应用。

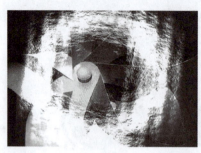

图 1-1-42 偏光技术应用（彩图见文末）

（五）机器视觉光源的选型

光源选型首先要了解项目需求，明确具体检测内容，比如外观检测、OCR（光学字符识别）、尺寸测量、定位识别等；其次需要查看检测目标的材质特性，分析目标与背景的区别，找到二者之间成像的最大差异；再次需要询问客户有无限制的条件，比如检测产线的光场、工作距离、光源大小、视野范围等；最后根据具体情况，使用实际光源进行反复测试，得到最好的图像效果图，也就是最佳的光源方案。

1. 选光源的一般思路

① 了解项目需求，明确要检测或者测量的目标；

② 分析目标与背景的区别，找出两者之间最可能差异大的光学现象；

③ 根据光源与目标之间的配合关系，初步确定光源的发光类型；

④ 使用实际光源测试，以确定满足要求的打光方式；

⑤ 根据具体情况，确定适用于客户的产品。

照明系统是机器视觉系统最为关键的部分之一，直接关系到系统的成败，其重要性无论如何强调都是不过分的。好的打光设计能够使我们得到一幅好的图像，从而改善整个系统的分辨率，简化软件的运算，而不合适的照明，则会引起很多问题。适当的光源照明设计可以使图像中的目标信息与背景信息得到最佳分离，可以大大降低图像处理的算法难度，同时提高系统的精度和可靠性。截至目前，尚没有一个通用的机器视觉照明设备，因此针对每个特定的案例，都要设计合适的照明装置，以达到最佳效果。

2. 光源选型举例

某啤酒生产流水线对如图 1-1-43 所示酒瓶的盖条形码进行检测，检测的内容主要有条形码识别、条形码打标位置是否偏离等，要求装在包装箱里检测。选型分析如下。

(a) 单个瓶盖　　　　　　　　　　　(b) 多个瓶盖

图 1-1-43 啤酒瓶盖（彩图见文末）

① 了解产品特性。瓶盖上面是黑色，另有红黑交错背景图案，条形码为激光刻印显灰色，为了显现出条形码，应该将字符打亮，使背景与字符分辨明显；如果选用图 1-1-44（a）所示的白色光源，背景有干扰；如果选用红色光源的话，背景中的红色会被滤掉打白，干扰同为白色的字符。利用光源的互补原理，采用图 1-1-44（b）所示的蓝色光源，将红色背景尽量打黑。

(a) 白色光源效果　　　　(b) 蓝色光源效果

图 1-1-44　白色光源和蓝色光源效果

② 了解产品形状、选择合适光源。瓶盖为圆形，直径为 25mm，一般此情况选择同轴光或者环形光比较合适。

③ 了解产品材质、特性选择合适光源。瓶盖为金属材料，表面有印刷图案，比较光滑，反光度很强，选用同轴光或带角度的环形光比较合适。

④ 模拟现场打光、选择能用的光源。由于酒瓶必须装在包装纸箱里，瓶盖离纸箱上顶部的距离有 80mm，考虑需要留一定的空间，因此，瓶盖离光源需要的距离为 100mm 或以上，如此高的距离，小同轴光、小环光以及低角度光就不能满足要求，必须选用大同轴光或大环光。

⑤ 打光试验。根据以上情况选择大致的光源后，再进行性价比对比，选择性价比高的环形光进行实际打光测试。

采用直径 180mm、30°蓝色（海康 LR-180-30-B）环形 LED 光源，如图 1-1-45 所示，在 110mm 高度打光，周边亮带反光强，不利于找中心位。

由于海康 LR 系列的光源直径最大 180mm，所以选用了海康其他大直径类型的光源。选择直径 200mm、60°蓝色无影环光，如图 1-1-46 所示，在 110mm 高度不会将光源 LED 亮斑影投射到瓶盖上。

图 1-1-45　海康 LR-180-30-B 打光效果　　　　图 1-1-46　海康 MV-LRSS-H-200-B 蓝色光源

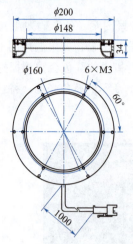

图 1-1-47 海康 MV-LRSS-H-200-B 蓝色光源尺寸

⑥ 最终确定光源。根据打光效果图进行软件处理，在得到可靠性及准确性的条件下选择正确的光源。根据分析选择海康 MV-LRSS-H-200-B 蓝色光源，尺寸如图 1-1-47 所示。

从上述案例可以看出：

a. 产品的颜色影响光源颜色的选择；

b. 产品的特性可以确定光源的照射方式，从而确定光源的类型；

c. 产品的安装空间及相机、镜头、传感器的位置等障碍可淘汰掉一些不方便安装的光源；

d. 光源的安装高度影响光源的类型及大小。

习题

（1）光的本质是_____。可见光的波长为_____nm。

（2）在可见光谱中，每一种波长对应一种颜色。在机器视觉中，较常见的有_____光源。

（3）机器视觉系统在选择光源时，为了得到更加清晰的图像效果，需要根据被检测物体的背景颜色来选择光线的颜色，如果背景是红色的，被检测物是黄色的，你会选择_____光源。

（4）目前，在机器视觉中普遍使用的是_____光源，因为它具有单光谱、使用寿命长、亮度可调整等特点。

（5）在机器视觉中，基本的打光技术有_____、_____、_____，还有_____、_____。

（6）用黑白相机辨别金色和银色时，_____（红色、蓝色）照明颜色更有效。

（7）要亮化浮现在光泽平面上的瑕疵，_____（同轴落射照明、低角度照明）照明有效。

（8）护照检测通常使用哪种颜色的光源？

学习笔记

四、工业相机镜头

光学镜头相当于人眼的晶状体，在机器视觉系统中非常重要。

镜头的基本功能就是实现光束变换（调制），安装位置如图 1-1-48 所示。在机器视觉系统中，镜头的主要作用是将成像目标映射在图像传感器的光敏面上。镜头由多片透镜组成，其质量直接影响成像的优劣，影响算法的实现和效果。合理地选择和安装镜头，是机器视觉系统设计的重要环节。

相机

镜头

产品

图 1-1-48　海康某镜头

一个镜头的成像质量优劣，即其对像差校正得优良与否，可通过像差大小来衡量。常见的像差有球差、彗差、像散、场曲、畸变、色差等六种。对定焦镜头和变焦镜头来讲，同一档次的定焦镜头的像差肯定比变焦镜头的小，因为变焦镜头必须折中考虑，使各种不同焦距下的成像质量都相对较好，不允许出现某个焦距（在变焦范围内）下很差的情况。所以在机器视觉应用系统中，根据被测目标的状态应优先选用定焦镜头。此外再综合考虑图像的放大倍率、视场大小、光圈大小、焦距、视角大小等因素进行具体选择。

（一）镜头的基本构成

常见的以成像为目的的镜头，可以分为透镜组和光圈两部分。

1. 透镜组

单个透镜是进行光束变换的基本单元。常见的有凸透镜和凹透镜两种，凸透镜对光线具有会聚作用，也称为会聚透镜或正透镜；凹透镜对光线具有发散作用，也称为发散透镜或负透镜。镜头设计中常常将这两类镜头结合使用，校正各种像差和失真，以达到满意的成像效果。

2. 光圈

光圈的作用就是约束进入镜头的光束部分，使有益的光束进入镜头成像，而有害的光束不能进入镜头。透镜和光圈都是镜头的重要光学功能单元，透镜侧重于光束的变换（例如实现一定的组合焦距、减少像差等），光圈侧重于光束的取舍约束。

机器视觉常用定焦镜头，并且都是手动调整光圈，一般不允许自动调整光圈。镜头上有调焦和调光圈两个环，为了防止误碰动，工业镜头的两个环都有锁定螺钉，如图 1-1-49 所示。

注意：调焦环不是用来调整焦距的，而是调整像距的，以保证清晰的图像落在焦平面上。

图 1-1-49　工业相机光圈和对焦环

（二）镜头的分类及主要参数

镜头的种类繁多，已经发展成了一个庞大的体系，以适应各种场合条件下的应用。对镜头的划分也可以从不同的角度来进行。

按照工作波长分为：X 射线、紫外、可见光、近红外、红外镜头。

按照变焦与否分为：定焦镜头、变焦镜头。

按照工作距离分为：望远物镜（物距很大）、普通摄影镜头（物距适中）、显微镜头（物距很小）。

此外还有线阵镜头、显微镜头等。线阵镜头是配合线阵相机使用的镜头，采用扫描式的工作方式，需要镜头与目标相对运动，每次曝光成像一条线，多次曝光组成一幅图像。线阵扫描成像时，CCD 线阵方向的图像分辨率固定，而在目标的运动方向上，空间采样频率与运动的相对速度有关。从成像的角度讲，线阵镜头和其他类型的镜头并没有本质上的差异，只是对镜头的使用方式不同而已。显微镜头一般使用在高分辨率的场合，用于看清目标的细节特征。显微镜头工作距离短，放大倍率高，视场小。

镜头的关键参数包括以下几个方面。

1. 焦距

从概念上讲，无限远目标的轴上共轭点是镜头的（像方）焦点，而此焦点到（像方）主面的距离称为焦距（f），如图 1-1-50 所示。焦距描述了镜头的基本成像规律：在不同物距上，目标的成像位置和成像大小由焦距决定。

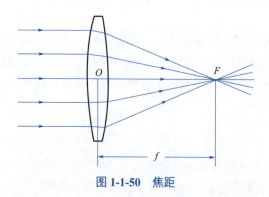

图 1-1-50　焦距

工业相机变焦镜头焦距范围的大小取决于镜头本身的设计和制造。在一般情况下，变焦镜头的焦距范围可以从几毫米到几百毫米不等。举例来说，常用的 1/2″ 和 1/3″ 变焦镜头焦距范围通常为 2.8 ～ 12mm、5 ～ 50mm 或者 12 ～ 50mm；而大型的中画幅相机镜头的焦距范围则较大，从 35mm 到 300mm 或者更大。

如图 1-1-51 所示，物距 u、像距 v 与焦距 f 存在一定的关系：$1/u + 1/v = 1/f$，这就是 CCD 成像的基础公式。

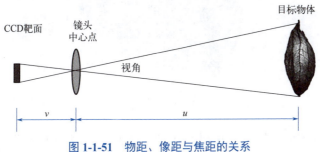

图 1-1-51　物距、像距与焦距的关系

在计算中，一般有如下规律。

① $u \gg f$：物距一般远大于焦距，例如除杂机镜头焦距为 28mm，物距在 1m 左右。

② $v \approx f$：由于 $u \gg f$，由公式可得，像距基本等于焦距，事实上调焦的过程就是将像距微调，和焦距基本相差不远。

③ 镜头中心点的确认：由于 $v \approx f$，所以从 CCD 靶面向前 f 的距离就是镜头中心点，这个点的确定对光路作图的意义很大。

由于 $v \approx f$，所以视角 $\approx$ 2arctan（CCD 靶面尺寸 $/2f$），镜头中心点的位置大致就在靶面向前 f 的距离上，视场范围如图 1-1-52 所示。

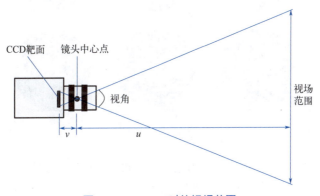

图 1-1-52　$v \approx f$ 时的视场范围

焦距的大小决定着视角的大小。焦距数值小，视角大，所观察的范围也大；焦距数值大，视角小，观察范围小。焦距越小，景深越大，畸变越大，渐晕现象越严重，像差边缘的照度越低。根据焦距能否调节，可分为定焦镜头和变焦镜头两大类。

2. 光圈及相对孔径

光圈是一个用来控制光线透过镜头，进入机身内感光面光量的装置，它通常在镜头内，通过光圈叶片来控制，如图 1-1-53 所示。很显然，更大的光圈就表明孔径更大，单位时间内进来的光线也就更多，调整光圈能够调整曝光（其他条件保持不变的情况下），这是光圈最普遍的作用，比如在光线不好的地方拍照，就尽量把光圈开大点。

光圈叶片

图 1-1-53　光圈叶片

一般用 F 表达光圈大小，即 "$F=$ 镜头焦距 / 镜头有效口径（直径）"，以镜头焦距 f 和通光孔径 D 的比值来衡量。

每个镜头上都标有最大 F 值，例如 8mm/F1.4 代表最大孔径为 5.7mm。F 值越小，光圈越大；F 值越大，光圈越小。根据公式，光圈 F 值愈小，在同一单位时间内的进光量便愈多。光圈每开大一级，进入照相机光量会加倍；缩小一级光圈，光量将减半。每级光圈一般以倍数递增，例如 F8 调整到 F5.6，进光量多一倍，如图 1-1-54 所示。

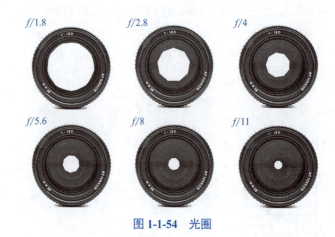

f/1.8　　　f/2.8　　　f/4

f/5.6　　　f/8　　　f/11

图 1-1-54　光圈

一个镜头中不是所有光圈的成像素质都是一样的，也不是光圈全开就是镜头的最佳画质；在某一光圈范围内，其成像、锐利度、色彩等方面是最好的，所以我们将其称为"最佳光圈"。

光圈和相对孔径是两个相关概念，孔径就是由可变光圈（叶片组）在镜头中央产生的圆孔。相对孔径（通常用 D/f 表示）是镜头入瞳直径与焦距的比值；而光圈（F）是相对孔径的倒数。

3. 视场及视场角

视场和视场角（FOV）是相似概念，它们都是用来衡量镜头成像范围的。在远距离成像中，例如使用望远镜、航拍镜头等时，镜头的成像范围常用视场角来衡量，用成像最大范围构成的张角表示（2ω）。在近距离成像中，常用实际物面的幅面表示（V+H）成像范围，也称为镜头的视场。这两个概念的使用没有绝对的界限，都可以使用。

在物距为有限的情况下，如图 1-1-55 所示，视野便能通过 $Y=Y'\dfrac{L}{f}$ 计算出来。

举例： 若使用 1/3″ CCD 摄像机配套 8mm 焦距镜头，物距为 3m 时，求监视器满屏摄入的水平方向尺寸。

根据题意，可以得到 f=8mm，L=30000mm，1/3″CCD，Y'=4.8mm。

$$Y=Y'\frac{L}{f}=4.8\times\frac{3000}{8}=1800（mm）=1.8（m）$$

在物距为有限的情况下，焦距便能通过 $f=Y'\dfrac{L}{Y}$ 计算出来。

举例： 使用 1/3 英寸摄像机，物距为 3m，被摄景物宽 2m，在监视器水平方向满屏摄入时，求镜头的焦距。

根据题意，可以得到 Y'=4.8mm，L=30000mm，Y=2000mm。

$$f=Y'\frac{L}{Y}=4.8\times\frac{3000}{2000}=7.2（mm）$$

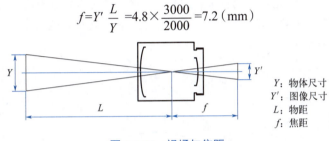

Y：物体尺寸
Y'：图像尺寸
L：物距
f：焦距

图 1-1-55　视场与焦距

4. 工作距离

镜头的工作距离是指镜头与目标之间的距离，如图 1-1-56 所示。这个概念在机器视觉领域中非常重要，因为它涉及相机能够正确聚焦并捕捉图像的最短距离。工作距离通常会影响相机的应用范围和能力，因为它决定了相机可以接近物体的程度。

工作距离可以通过简单的公式计算，即：

> 工作距离（WD）= 镜头与目标之间的距离
> 物像距离 = 工作距离 + 镜头本体长度 + 法兰距

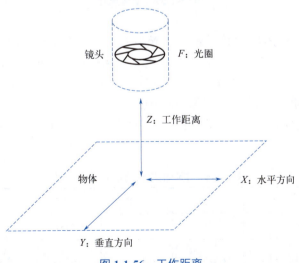

镜头　　　　　F：光圈

Z：工作距离

物体　　　　　　　　　　　　　　X：水平方向

Y：垂直方向

图 1-1-56　工作距离

法兰距是相机卡口到传感器或图像感应器的距离，对于常见的 C 口镜头和相机，法兰距通常为 17.526mm。此外，工作距离还与相机的接口类型有关，不同的接口类型有不同的法兰距。例如，常见的接口类型包括 C、CS、F、V、T2、Leica、M42×1、M75×0.75 等。

在实际应用中，了解工作距离对于选择合适的相机和镜头至关重要，因为它直接关系到相机能够捕捉到的图像范围和深度。需要注意的是，一个实际镜头并不是对任何物距下的目标都能做到清晰成像（即使调焦也做不到），所以它允许的工作距离是一个有限的范围。

5. 像面尺寸

像面尺寸通常指的是图像传感器（如 CCD、相机芯片）的尺寸，如图 1-1-57 所示，它对照片的成像质量和相机的光学性能有重要影响。像面尺寸可以根据不同的规格来划分，例如 1″、2/3″、1/2″、1/3″、1/4″、1/5″ 等。这些尺寸描述了图像传感器的大小，进而影响相机拍摄照片的视角和图像质量。

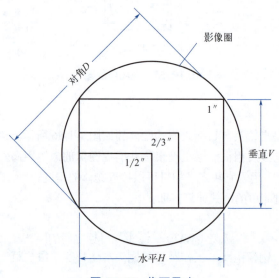

图 1-1-57　像面尺寸

例如，一个 1/2.5″ 的图像传感器，其长宽尺寸为 5.76mm×4.29mm，对角线长度为 7.182mm。相比之下，一个 1/3″ 的图像传感器则有 4.8mm×3.6mm 的尺寸，对角线长度为 6mm。表 1-1-4 给出了常用像面的尺寸规格。这些尺寸对于选择相机和镜头非常重要，因为它们决定了能够捕捉到的视角范围和图像的清晰度。在实际应用中，为了确保画面的整体可应用性，选用的镜头的像面尺寸应大于相机芯片的对角线尺寸，以避免边缘暗角或黑角等问题，从而保证图像质量。

表 1-1-4　工业相机常用像面尺寸规格

尺寸规格	1″	2/3″	1/2″	1/2.5″	1/3″	1/4″
对角线 /mm	16	11	8	7.182	6	4
靶面尺寸 /（mm×mm）	12.8×9.6	8.8×6.6	6.4×4.8	4.8×3.6	4.8×3.6	3.2×2.4

　　一个镜头能清晰成像的范围是有限的，像面尺寸给出了它能支持的最大清晰成像范围（通常用其直径表示）。超过这个范围成像模糊，对比度降低。所以在给镜头选配 CCD 时，可以遵循"大的兼容小的"原则进行，如图 1-1-58 所示，即镜头的像面尺寸大于（或等于）CCD 尺寸。

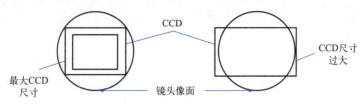

图 1-1-58　镜头像面尺寸与 CCD 尺寸

6. 像质（MTF、畸变）

　　像质就是指镜头的成像质量，用于评价一个镜头的成像优劣。传函（调制传递函数的简称，用 MTF 表示）和畸变就是用于评价像质的两个重要参数。

　　MTF（Modulation Transfer Function）：由于衍射和相差的存在，物体经过透镜后，像会变得模糊，像的对比度会下降；而 MTF 就是描述对比度下降程度的函数，称为"调制传递函数"。MTF 表示各不同频率的正弦强度分布函数经光学系统成像后，对比度的衰减程度。空间频率越高，成像后的对比度下降越严重。MTF 综合反映了镜头的分辨率和像对比度的衰减程度。镜头的分辨率及像的对比度会衰减，是像差和衍射导致的；而像差和衍射又跟光圈以及视场相关，所以 MTF 值是受光圈和视场影响的。

　　畸变：畸变实际上指的是拍出来的物体相对于物体本身而言失真了。畸变是一种像差，是镜头引起了物体成像的变形，对成像的清晰度没有影响。图 1-1-59（a）所示凸出来的畸变效果叫桶形畸变，图 1-1-59（b）所示陷进去的畸变效果叫枕形畸变。这类的畸变统称为镜头畸变。

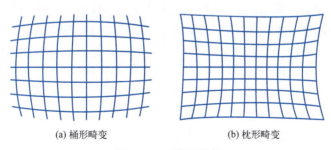

(a) 桶形畸变　　　　　　　　　　(b) 枕形畸变

图 1-1-59　镜头畸变

　　通常来说，镜头畸变是没办法完全消除的，只能改善。

7. 工作波长与透过率

　　镜头是成像的器件，它的工作对象就是电磁波。一个实际的镜头在被设计制造出来以后，只能对一定波长范围内的电磁波进行成像工作，这个波长范围通常称为工作波长。例如常见镜头工作在可见光波段（360 ～ 780nm），除此之外还有紫外或红外镜头等。

　　镜头的透过率是与工作波长相关的一项指标，用于衡量镜头对光线的透过能力。为了使更多光线到达像面，镜头中使用的透镜一般都是镀膜的，因此镀膜工艺、材料总的厚度和材料对光的吸收特性共同决定了镜头总的透过率。

8. 景深

景深（DOF）是指在镜头或其他成像器前沿能够取得清晰图像的成像所测定的被摄物体前后距离范围。镜头光圈、镜头焦距及焦平面到拍摄物的距离是影响景深的重要因素。

在聚焦完成后，焦点前后的范围内所呈现的清晰图像的距离，这一前一后的范围，便叫作景深。

在镜头前方（焦点的前、后）有一段一定长度的空间，当被摄物体位于这段空间内时，其在底片上的成像恰位于同一个弥散圆之间。被摄体所在的这段空间的长度，就叫景深。换言之，在这段空间内的被摄体，其呈现在底片面的影像模糊度，都在容许弥散圆的限定范围内，这段空间的长度就是景深。

光圈与景深的关系，如图 1-1-60 所示，光圈越大，背景越虚化，景深越小；光圈越小，背景越清晰，景深越大。

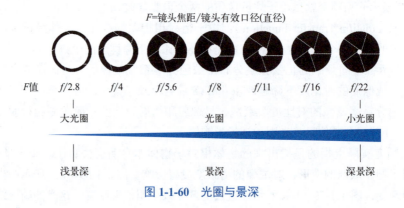

图 1-1-60 光圈与景深

9. 接口

镜头需要与相机进行配合才能使用，它们两者之间的连接方式通常称为接口。为提高各生产厂家镜头之间的通用性和规范性，业内形成了数种常用的固定接口，常见的工业相机镜头接口包括 C、CS、M42、M50、F、V、T2 口等。接口类型的不同和工业相机镜头性能、质量并无直接关系，仅仅是接口方式不一样，一般来说，能找到各种常用接口之间的转接口。

镜头的接口尺寸主流为三种接口形式，即 F 型、C 型、CS 型。F 型接口是通用型接口，一般适用于焦距大于 25mm 的镜头；而当物镜的焦距小于 25mm 时，因物镜的尺寸不大，便采用 C 型或 CS 型接口，也有一部分采用 M12 接口。

（1）C、CS 接口

相机镜头的 C、CS 接口非常相似，它们的接口直径、螺纹间距都是一样的，仅仅是法兰距不同。法兰距也叫作像场定位距离，是指机身上镜头卡口平面与机身曝光窗平面之间的距离，即镜头卡口到感光元件（一般是 CMOS 或 CCD）之间的距离。法兰距不同，即便装上也无法清晰对焦和成像。

C 接口的法兰距是 17.526mm，CS 接口的法兰距是 12.5mm，如图 1-1-61 所示。因此对于 CS 接口的相机，如果想要接入 C 接口的镜头，只需要一个 5mm 厚的 CS-C 转换环即可，如图 1-1-62 所示。

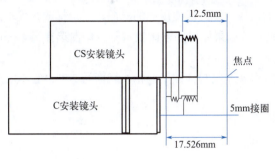

图 1-1-61　C、CS 接口 　　　　　　　　图 1-1-62　CS-C 转换环

（2）M 系列接口

M12 接口，这个接口对应的数字 12，指的是接口直径是 12mm。由于直径较小，这类接口往往用在微小工业相机上，如无人机上搭载的相机一般用的是这类镜头。而 M42、M58 接口则更大，往往用在大靶面的工业相机，甚至线扫描相机上。这类接口直接通过螺纹连接到相机上，连接较为方便。

（三）工业相机镜头的选型

镜头是工业视觉系统的一个重要组成部分，正确地选择镜头是视觉系统设计中很重要的一环。

1. 镜头选型的基本思路

（1）工作波长、变焦与定焦

视觉系统通常使用环境是在可见光范围内，这样的镜头是最常用的，也有一些系统比较特殊，使用环境是在紫外或者红外波段，需要选用专门的紫外或者红外镜头。

大多数视觉系统的工作距离和放大倍数是不变的，因此镜头焦距也是固定的，但部分系统需要在工作距离变化后保持放大倍数稳定，或者在工作距离不变的情况下获得不同的放大倍数，这时就需要选用变焦镜头。

（2）远心镜头与标准工业镜头

对于精密测量的系统，需要选用远心镜头，它的特点是：物体在景深范围内移动，光学放大倍数不变，这就避免了测试过程中工作距离的轻微改变导致系统放大倍数的变化，保证了系统规定的测量精度。对于一般的工业测量、缺陷检测或者定位等，对物体成像的放大倍率没有严格要求，只要选用畸变小的镜头，就可以满足要求。

（3）靶面大小与分辨率

镜头成像面大小必须大于与之配套的 CCD 相机的靶面，这样 CCD 相机的芯片才能得到充分的利用。镜头的选择要考虑其分辨率要与相机的像元大小等匹配，这样设计的系统能充分利用 CCD 相机的分辨精度，还能使系统的经济性达到最佳。

（4）视场角与焦距

通过系统要求的视场角可以找到对应焦距的镜头，而通过系统提供的分辨率和相机的像元等参数，可以利用基本的几何光学原理计算出合适的系统焦距。

2. 镜头选型步骤

① 视野范围、光学放大倍数及期望的工作距离。在选择镜头时，我们会选择比被测物体视野稍大一点的镜头，以利于运动控制。

② 景深要求。对于对景深有要求的项目，尽可能使用小的光圈；在选择放大倍率的镜头时，在项目许可下尽可能选用低倍率镜头。如果项目要求比较苛刻，倾向选择高景深的尖端镜头。

③ 芯片大小和相机接口。例如 2/3″ 镜头支持最大的工业相机靶面为 2/3″，它不能支持 1″（1in=2.54cm）以上的工业相机。

④ 注意与光源的配合，选配合适的镜头。

⑤ 可安装空间。

⑥ 镜头是否要配合其他配件。

⑦ 价格是否合理等其他问题。

3. 镜头选型举例

齿轮检测项目的基本要求是：检测齿轮滚轴的安装质量（缺失）和滚轴的直径公差 200μm。齿轮实际大小为 48mm，在线检测速度为 2 个 /s。

（1）相机的选择

客户需求 200μm，根据精度 = FOV / Resolution，测量齿轮实际大小为 48mm，加上边缘宽度，以 60mm 作为 FOV（H），以此数据计算的相机 Resolution=FOV（H）/ 精度 =60/0.2=300，故选择 640×480 分辨率，曝光时间至少 1/2s 的工业相机。

（2）镜头的选择

由于这个项目对检测环境没有特殊要求，人为设定 $WD=200$mm，CCD 尺寸根据相机参数 1/4″（对角线长度），乘 16 转换为 4mm，再根据 4:3 的比例，利用勾股定理算出水平的直角边为 3.2mm。

根据：$f/WD=CCD\ Size/FOV$，$f=CCD\ Size×WD/FOV=3.2×200/60=10.6$（mm），故选择 12mm 定焦可满足需求。

综上所述，选择 640×480 分辨率、曝光时间为 1/10000s 到 30s 的工业相机，12mm 定焦镜头。相机选择海康威视 MV-CA003-20GM，参数如表 1-1-5 所示。

表 1-1-5　海康 MV-CA003-20GM 工业相机技术参数

型号	MV-CA003-20GM
	30 万像素 1/4″ CMOS 千兆以太网工业面阵相机
参数	
传感器类型	COMS，全局快门
传感器型号	OnSemi PYTHON300
像元尺寸	4.8μm×4.8μm
靶面尺寸	1/4″
分辨率	672×512
最大帧率	344fps
动态范围	59dB
信噪比	39.9dB

续表

增益	0 ~ 15dB
曝光时间	49μs ~ 10s
快门模式	支持自动曝光、手动曝光、一键曝光模式
黑白 / 彩色	黑白
像素格式	Mono8/10/10Packed/12/12 Packed
Binning	支持 1×1，1×2，2×1，1×4，4×1，2×2，2×4，4×2，4×4
下采样	支持 1×1，2×2
镜像	支持水平镜像、垂直镜像输出
电气特性	
数据接口	Gigabit Ethernet（1000Mbit/s）兼容 Fast Ethernet（100Mbit/s）
数字 I/O	6-pin P7 接口提供电源和 I/O：1 路输入（Line0），1 路输入（Line1），1 路双向可配置 I/O（Line2）
供电	电压范围 5 ~ 15V DC，支持 PoE 供电
典型功耗	<2.6W@12V DC
结构	
镜头接口	C-Mount
外形尺寸	29mm×29mm×42mm
质量	约 68g
IP 防护等级	IP30（正确安装镜头及线缆的情况下）
温度	工作温度 0 ~ 50℃。储藏温度 -30 ~ 70℃
湿度	20% ~ 80%RH 无冷凝
一般规范	
软件	MVS 或第三方支持 GigE Vision 协议的软件
操作系统	Windows XP/7/10 32/64bits，Linux 32/64bit，MacOS 64bits
协议 / 标准	GigE Vision V1.2，GenICam
认证	RoHS，CE，FCC，KC

该项目镜头选择海康威视 MVL-MF1224M-5MPE，如图 1-1-63 所示。

图 1-1-63　海康威视 MVL-MF1224M-5MPE

　　海康威视 MF-E 系列镜头针对机器视觉光源和芯片进行优化设计，分辨率高，成像质量优秀，透过率高，稳定性好。固定焦距，手动光圈，外形紧凑，技术参数如表 1-1-6 所示。

表 1-1-6　海康威视 MVL-MF1224M-5MPE 技术参数

型号	MVL-MF1224M-5MPE
	固定焦距，手动光圈，500 万像素，FA 镜头
参数	
焦距	12mm
光圈大小	$F\,2.4 \sim F16$
像面尺寸	ϕ11mm（2/3″）
畸变	−0.16%
最近摄距	0.25m
视场角	D（11.1mm）：49.67° H（8.45mm）：39.09° V（7.07mm）：33.08°
机构	
光圈控制	手动
聚焦控制	手动
滤镜螺纹	M27×0.5
接口类型	C-Mount
法兰后焦	17.526mm
外形尺寸	ϕ29×36.17mm
质量	71.6g
温度	−10 ～ 50℃
一般规范	
认证	RoHS2.0

习题

（1）光圈的功能是_____。

（2）光圈_____可以获得较大的景深。

（3）_____镜头能够消除透视畸变。

（4）光圈 f 值越小，通光孔径就____，在同一单位时间内的进光量便__。

（5）_____是指被测物体表面到相机镜头中心的距离。

（6）普通镜头加接光圈后可_____。

（7）_____指的是由镜头方面的原因导致的图像范围内不同位置上的放大倍率存在的差异。

（8）镜头与 CCD 尺寸不适配时，在视野周围（四角）发生的缺陷现象叫_____。

学习笔记

单元二 图像处理

研究表明，人类交往中用以传递信息的主要媒介是语言和图像。据统计，在人类接收的信息中，听觉占 20%，视觉占 60%（有人估计占 75%），其他占 20%。由此可见，作为信息传递媒介之一的图像的地位是非常重要的。而图像处理（Image Processing），就是对图像信息进行加工处理，来满足人的视觉心理和实际应用的需求。

 单元目标

● 知识目标

（1）掌握图像的定义和分类。

（2）了解图像处理常用的方法。

（3）掌握图像的操作与运算。

（4）掌握图像的几何变换。

（5）掌握腐蚀和膨胀的含义与作用。

（6）掌握开运算和闭运算的含义与作用。

● 技能目标

（1）能归纳总结图像的定义和分类。

（2）能熟练掌握图像预处理。

（3）能根据现场要求进行图像基本几何变换。

（4）能熟练掌握腐蚀与膨胀的应用。

（5）能熟练掌握开运算和闭运算的应用。

● 素质目标

（1）能通过自主学习，形成自主学习习惯，提高学习成效，提高逻辑思维能力。

（2）熟练查阅相关资料并且学会总结思考，激发创新能力，提高解决问题的能力。

（3）培养道德评价和自我教育的能力，养成良好的道德行为习惯。

（4）培养民族精神，形成正确的理想和信念。

一、图像的基本知识

(一) 图像的定义

图像 (Image) 就是采用各种观测系统获得的，能够为人类视觉系统所感觉到的实体；也泛指照片、动画等形成视觉景象的事物。图像分为模拟图像和数字图像两类。模拟图像是指连续图像，采用数字化 (离散化) 表示和数字技术处理之前的图像。数字图像是指由连续的模拟图像采样和量化而得的图像，组成其的基本单位是像素。像素的值代表图像在该位置的亮度或灰度，称为图像的灰度值。数字图像像素具有整数坐标和整数灰度值。图像处理一般指数字图像处理。

图像与计算机图形学中的图形有一定的区别。计算机图形学是从建立数学模型到生成图形，而图像通常是指从外界产生的图形。客观世界是三维空间，但一般图像是二维的。二维图像在反映三维世界的过程中必然丢失了部分信息。即使是记录下来的信息也可能有失真，甚至于难以识别物体。因此，需要从图像中恢复和重建信息，分析和提取图像的数学模型，以便使人们对于图像记录下的事物有正确和深刻的认识。这个过程就称为图像处理过程。

(二) 图像的分类

在计算机中，按照颜色和灰度的多少可以将图像分为二值图像、灰度图像、索引图像和真彩色 RGB 图像四种基本类型。大多数图像处理软件都支持这四种类型的图像。

1. 二值图像

二值图像 (Binary Image) 是指图像上的每一个像素只有两种可能的取值或灰度等级状态，人们经常用黑白、B&W、单色图像表示二值图像，如图 1-2-1 所示。在二值图像中，灰度等级只有两种，也就是说，图像中的任何像素点的灰度值均为 0 或者 255，分别代表黑色和白色。也就是说，一幅二值图像的二维矩阵仅由 0、1 两个值构成，"0"代表黑色，"1"代表白色。由于每一像素 (矩阵中每一元素) 取值仅有 0、1 两种可能，所以计算机中二值图像的数据类型通常为 1 个二进制位。

图 1-2-1　二值图像

二值图像通常用于文字、线条图的扫描识别（OCR）和掩膜图像的存储。

2. 灰度图像

灰度数字图像（Gray Scale Image 或是 Grey Scale Image）是每个像素只有一个采样颜色的图像。这类图像通常显示为从最暗黑色到最亮的白色的灰度，理论上这个采样可以是任何颜色的不同深浅，甚至可以是不同亮度上的不同颜色。灰度图像与黑白图像不同，在计算机图像领域中黑白图像只有黑白两种颜色，灰度图像在黑色与白色之间还有许多级的颜色深度。

图 1-2-2　灰度图像

灰度图像矩阵元素的取值范围通常为［0, 255］。因此其数据类型一般为 8 位无符号整型（int8），这就是人们经常提到的 256 灰度图像。"0"表示纯黑色，"255"表示纯白色，中间的数字从小到大表示由黑到白的过渡色。在某些软件中，灰度图像也可以用双精度数据类型（Double）表示，像素的值域为［0,1］，0 代表黑色，1 代表白色，0 到 1 之间的小数表示不同的灰度等级。二值图像可以看成灰度图像的一个特例。

用灰度表示的图像称作灰度图像，如图 1-2-2 所示。除了常见的卫星图像、航空照片外，许多地球物理观测数据也以灰度表示。

3. 索引图像

索引图像的文件结构比较复杂，除了存放图像的二维矩阵外，还包括一个称为颜色索引矩阵 MAP 的二维数组。MAP 的大小由存放图像的矩阵元素值域决定，如矩阵元素值域为［0，255］，则 MAP 矩阵的大小为 256×3，用 MAP=［RGB］表示。MAP 中每一行的三个元素分别指定该行对应颜色的红、绿、蓝单色值，MAP 中每一行对应图像矩阵像素的一个灰度值，如某一像素的灰度值为 64，则该像素就与 MAP 中的第 64 行建立了映射关系，该像素在屏幕上的实际颜色由第 64 行的［RGB］组合决定。也就是说，图像在屏幕上显示时，每一像素的颜色由存放在矩阵中该像素的灰度值作为索引通过检索颜色索引矩阵 MAP 得到。索引图像的数据类型一般为 8 位无符号整型（int8），相应索引矩阵 MAP 的大小为 256×3，因此一般索引图像只能同时显示 256 种颜色，但通过改变索引矩阵，颜色的类型可以调整。索引图像的数据类型也可采用双精度浮点型（Double）。索引图像一般用于存放色彩要求比较简单的图像，如 Windows 中色彩构成比较简单的壁纸多采用索引图像存放，如果图像的色彩比较复杂，就要用到 RGB 真彩色图像。

4. RGB 真彩色图像

RGB 图像与索引图像一样都可以用来表示彩色图像。与索引图像一样，它分别用红（R）、绿（G）、蓝（B）三原色的组合来表示每个像素的颜色。但与索引图像不同的是，RGB 图像每一个像素的颜色值（由 RGB 三原色表示）直接存放在图像矩阵中，由于每一像素的颜色需由 R、G、B 三个分量来表示，M、N 分别表示图像的行列数，三个 M×N 的二维矩阵分别表示各个像素的 R、G、B 三个颜色分量。RGB 图像的数据类型一般为 8 位无符号整型，通常用于表示和存放真彩色图像，当然也可以存放灰度图像。常用的基本颜色如表 1-2-1 所示。

表 1-2-1 常用的基本颜色 RGB 值

颜色名称	红色值 Red	绿色值 Green	蓝色值 Blue
黑色	0	0	0
蓝色	0	0	255
绿色	0	255	0
青色	0	255	255
红色	255	0	0
亮紫色（洋红色）	255	0	255
黄色	255	255	0
白色	255	255	255

（三）数字化图像数据的存储方式

数字化图像数据有两种存储方式：位图存储（Bitmap）和矢量存储（Vector）。

平常是以图像分辨率（即像素点）和颜色数来描述数字图像的。例如一张分辨率为 640×480，16 位色的数字图像，就由 2^{16}=65536 种颜色的 307200（=640×480）个像素点组成。

位图图像：位图方式是将图像的每一个像素值点转换为一个数据，当图像是单色（只有黑白二色）时，8 个像素值点的数据只占据一个字节（一个字节就是 8 个二进制数，1 个二进制数存放 1 个像素值点）；16 色（区别于前段"16 位色"）的图像每两个像素值点用一个字节存储；256 色图像每一个像素值点用一个字节存储。这样就能够精确地描述各种不同颜色模式的图像图面。

位图图像弥补了矢量图像的缺陷，它能够制作出色彩和色调变化丰富的图像，可以逼真地表现自然界的景象，同时也可以很容易地在不同软件之间交换文件，这就是位图图像的优点；而其缺点则是它无法制作真正的 3D 图像，并且图像缩放和旋转时会产生失真的现象，同时文件较大，对内存和硬盘空间容量的需求也较高。位图方式就是将图像的每一像素点转换为一个数据。如果用 1 位数据来记录，那么它只能代表 2（即 2^1）种颜色；如果以 8 位来记录，便可以表现出 256（即 2^8）种颜色或色调，因此使用的位元素越多所能表现的色彩也越多。通常我们使用的颜色有 16 色、256 色、增强 16 位和真彩色 24 位。一般所说的真彩色是指 24 位（即 2^{24}）的位图存储模式，适合于内容复杂的图像和真实照片。但随着分辨率以及颜色数的提高，图像所占用的磁盘空间也就相当大；另外由于在放大图像的过程中，其图像势必要变得模糊而失真，放大后的图像像素点实际上变成了像素"方格"。用数码相机和扫描仪获取的图像都属于位图。

矢量图像：矢量图像存储的是图像信息的轮廓部分，而不是图像的每一个像素值点。例如，一个圆形图案只要存储圆心的坐标位置和半径长度，以及圆的边线和内部的颜色即可。该存储方式的缺点是经常耗费大量的时间做一些复杂的分析演算工作，图像的显示速度较慢；但图像缩放不会失真；图像的存储空间也要小得多。所以，矢量图像比较适合存储各种图表和工程图。

图像格式是计算机存储图像的格式，常见的存储格式有 BMP、JPG、PNG、GIF、SVG、PSD、AI、TIFF、WebP、EPS 等。

（1）WebP 格式

WebP（发音"weppy"），是一种同时提供了有损压缩与无损压缩的图像文件格式，派生自图像编码格式 VP8 。它是由 Google 购买 On2 Technologies 后发展出来的格式，以 BSD 授权条款发布。

WebP 是 Google 推出的影像技术，它可让网页图档有效进行压缩，同时又不影响图像格式兼容度与实际清晰度，进而让整体网页下载速度加快。

（2）BMP 格式

位图（简称 BMP，全称为 BitMaP）是一种与硬件设备无关的图像文件格式，使用非常广泛。它采用位映射存储格式，除了图像深度可选以外，不采用其他任何压缩方式，因此，BMP 文件所占用的空间很大。BMP 文件的图像深度可选 1bit、4bit、8bit 及 24bit。BMP 文件存储数据时，图像的扫描方式是按从左到右、从下到上的顺序。

（3）GIF 格式

图形交换格式（简称 GIF，全称为 Graphics Interchange Format）是 CompuServe 公司在 1987 年开发的图像文件格式。GIF 文件的数据，是一种基于 LZW 算法的连续色调的无损压缩格式。其压缩率一般在 50% 左右，它不属于任何应用程序。几乎所有相关软件都支持它，公共领域中有大量的软件在使用 GIF 图像文件。

（4）JPEG 格式

JPEG（Joint Photographic Experts Group）是常见的一种图像格式，文件后缀名为 .jpg 或 .jpeg，是用于连续色调静态图像压缩的一种标准。

JPEG 是一种有损压缩格式，能够将图像压缩在很小的储存空间中，图像中重复或不重要的资料都可能会丢失，因此容易造成图像数据的损伤。尤其是使用过高的压缩比例，将使最终解压缩后恢复的图像质量明显降低，如果追求高品质图像，不宜采用过高的压缩比例。

（5）PNG 格式

PNG（Portable Network Graphics，便携式网络图形）是一种采用无损压缩算法的位图格式，支持索引、灰度、RGB 三种颜色方案以及 Alpha 通道等特性。其设计目的是替代 GIF 和 TIFF 文件格式，同时增加一些 GIF 文件格式所不具备的特性。PNG 压缩比高，生成文件体积小。PNG 文件的扩展名为 .png。

（6）SVG 格式

可缩放矢量图形（简称 SVG，全称为 Scalable Vector Graphics）。它是基于 XML（标准通用标记语言的子集）由万维网联盟开发的一种开放标准的矢量图形语言，可任意放大图形显示，边缘异常清晰，文字在 SVG 图像中保留可编辑和可搜寻的状态，没有字体的限制，生成的文件很小，下载很快，非常适合用于设计高分辨率的 Web 图形页面。

（7）PSD 格式

PSD（Photoshop Document）是 Photoshop 图像处理软件的专用文件格式，文件扩展名是 .psd，可以支持图层、通道、蒙板和不同色彩模式的各种图像特征，是一种非压缩的原始文件保存格式。扫描仪不能直接生成该种格式的文件。PSD 文件有时会很大，但由于可以保留所有原始信息，在图像处理中对于尚未制作完成的图像，选用 PSD 格式保存是最佳的选择。

（8）AI 格式

AI 格式是一种矢量图形文件，适用于 Adobe 公司的 ILLUSTRATOR 输出格式。与 PSD 格式文件相同，AI 也是一种分层文件，每个对象都是独立的，它们具有各自的属性，如大小、形状、轮廓、颜色、位置等。以这种格式保存的文件便于修改，这种格式的文件可以在任何尺寸大小下按最高分辨率输出。它的兼容度比较高，可以在 CorelDRAW 中打开，也可以将 CDR 格式的文件导出为 AI 格式。

（9）TIFF 格式

TIFF（Tag Image File Format）是一种灵活的位图格式，主要用来存储包括照片和艺术图在内的图像。它最初由 Aldus 公司与微软公司一起为 PostScript 打印开发。TIFF 与 JPEG 和 PNG 一起成为流行的高位彩色图像格式。

（10）EPS 格式

封装式页描述语言（简称 EPS，全称为 Encapsulated PostScript）是跨平台的标准格式，扩展名在 PC 平台上是 .eps，在 Macintosh 平台上是 .epsf，主要用于矢量图像和光栅图像的存储。苹果 Mac 机的用户用得较多。

EPS 格式采用 PostScript 语言进行描述，并且可以保存其他一些类型信息，例如多色调曲线、Alpha 通道、分色、剪辑路径、挂网信息和色调曲线等，因此 EPS 格式常用于印刷或打印输出。Photoshop 中的多个 EPS 格式选项可以实现印刷打印的综合控制，在某些情况下甚至优于 TIFF 格式。

这些格式各有特点，适用于不同的用途和场景。

（四）图像处理常用方法

1. 图像变换

图像阵列很大，直接在空间域中对其进行处理，涉及的计算量很大。因此，往往采用各种图像变换的方法，常用的三种变换方法如下。

（1）傅里叶变换

它是应用最广泛和最重要的变换。它的变换核是复指数函数，转换域图像是原空间域图像的二维频谱，其"直流"项与原图像亮度的平均值成比例，高频项表征图像中边缘变化的强度和方向。为了提高运算速度，计算机中多采用傅里叶快速算法。

（2）沃尔什 - 阿达马变换

它是一种便于运算的变换。变换核是值＋ 1 或 -1 的有序序列。这种变换只需要做加法或减法运算，不需要像傅里叶变换那样做复数乘法运算，所以能提高计算机的运算速度，减少存储容量。这种变换已有快速算法，能进一步提高运算速度。

（3）离散卡夫纳 - 勒维变换

它是以图像的统计特性为基础的变换，又称霍特林变换或本征向量变换。变换核是样本图像的协方差矩阵的特征向量。这种变换用于图像压缩、滤波和特征抽取时在均方误差意义下是最优的。但在实际应用中往往不能获得真正的协方差矩阵，所以不一定有最优效果。它的运算较复杂且没有统一的快速算法。除上述变换外，余弦变换、正弦变换、哈尔变换和斜变换也在图像处理中得到应用。将空间域的处理转换为变换域的处理，不仅可减少计算量，而且可获得更有效的处理（如傅里叶变换可在频域中进行数字滤波处理）。目前新兴研究的小波变换在时域和频域中都具有良好的局部化特性，它在图像处理中也有着广泛而有效的应用。

2. 图像编码压缩

图像编码压缩技术可减少描述图像的数据量（即比特数），以便节省图像传输、处理时间和减少所占用的存储器容量。压缩既可以在不失真的前提下获得，也可以在允许的失真条件下进行。编码是压缩技术中最重要的方法，它在图像处理技术中是发展最早且比较成熟的技术。

3. 图像增强和复原

图像增强和复原的目的是提高图像的质量，如去除噪声，提高图像的清晰度等。图像增强不考虑图像降质的原因，突出图像中感兴趣的部分。如强化图像高频分量，可使图像中物体轮廓清晰，细节明显；如强化低频分量可减少图像中噪声的影响。图像复原要求则需要对图像降质的原因有一定的了解，一般讲应根据降质过程建立"降质模型"，再采用某种滤波方法，恢复或重建原来的图像。

4. 图像分割

图像分割是数字图像处理中的关键技术之一。图像分割是将图像中有意义的特征部分提取出来，其有意义的特征有图像中的边缘、区域等，这是进一步进行图像识别、分析和理解的基础。虽然目前已研究出不少边缘提取、区域分割的方法，但还没有一种普遍适用于各种图像的有效方法。因此，对图像分割的研究还在不断深入之中，是目前图像处理中研究的热点之一。

5. 图像描述

图像描述是图像识别和理解的必要前提。最简单的二值图像可采用其几何特性描述物体的特性，一般图像的描述方法则采用二维形状描述，它有边界描述和区域描述两种方法。对于特殊的纹理图像可采用二维纹理特征描述。随着图像处理研究的深入发展，有些学者已经开始进行三维物体描述的研究，提出了体积描述、表面描述、广义圆柱体描述等方法。

6. 图像分类（识别）

图像分类（识别）属于模式识别的范畴，其主要内容是图像经过某些预处理（增强、复原、压缩）后，进行图像分割和特征提取，从而进行判决分类。图像分类常采用经典的模式识别方法，有统计模式分类和句法（结构）模式分类，近年来新发展起来的模糊模式识别和人工神经网络模式分类在图像识别中也越来越受到重视。

习题

（1）在二值图像中（8位），灰度等级只有两种，黑色值为_____，白色值为_____。

（2）数字化图像数据有两种存储方式：_____和_____。

（3）图像格式是计算机存储图像的格式，常见的存储的格式有_____、_____、_____及_____等。

学习笔记

二、图像的操作与运算

(一) 数字图像的处理

1. 像素的相邻像素，坐标（x，y）处的像素p

① 邻域：点p的相邻像素的图像位置集。

② 4邻域：2个水平的相邻像素和2个垂直的相邻像素。$(x+1, y)$，$(x-1, y)$，$(x, y+1)$，$(x, y-1)$ 这组像素称为p的4邻域，用$N_4(P)$表示，如图1-2-3所示。

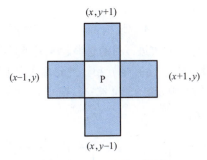

图 1-2-3　$N_4(P)$ 4 邻域

③ D邻域：对角相邻像素，$(x+1, y+1)$，$(x+1, y-1)$，$(x-1, y+1)$，$(x-1, y-1)$ 用$N_D(P)$表示，如图1-2-4所示。

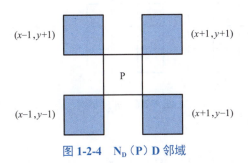

图 1-2-4　$N_D(P)$ D 邻域

④ 8邻域：在4邻域的基础上，加上对角相邻像素，就是8邻域。8邻域像素用$N_8(P)$表示，如图1-2-5所示。

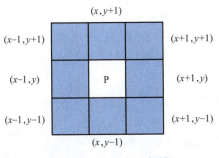

图 1-2-5　$N_8(P)$ 8 邻域

⑤ 开、闭邻域：如果一个邻域包含 p，为闭邻域，否则为开邻域。像素的邻域在图像的卷积操作中会用得到，在 3×3 的卷积模板中，通常是对 8 邻域的像素进行操作。

2. 像素的邻接

像素邻接除了要相邻之外，还对像素值有一定的要求。定义集合 V 为一个灰度值集合，那么 p 和 q 邻接需要满足以下两个要求。

① p 和 q 的像素值在集合 V 中。

② p 和 q 需要满足相邻的关系（4 邻域、8 邻域等）。

根据不同的相邻关系，可以将邻接分为以下几种。

① 4 邻接：q 在 p 的 4 邻域内。

② 8 邻接：q 在 p 的 8 邻域内。

③ m 邻接（混合邻接）：q 在 p 的 4 邻域内或者 q 在 p 的 $N_D(P)$ 邻域内，且 q 和 p 的 4 邻域没有交集。混合邻接是 8 邻接的改进，目的是消除 8 邻接时可能导致的歧义性。

如图 1-2-6 所示：图（a）、（d）、（e）中 p 和 q 是 m 邻接，因为 $q \subset N_D(P)$ 且 q 和 p 的 4 邻域没有交集；图（b）、（c）、（f）中 p 和 q 是 4 邻接；图（b）中 p 和 r 是 8 邻接，不是 m 邻接，因为 p 和 r 的四邻域的交集是 q。

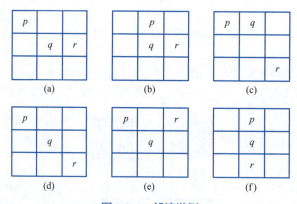

图 1-2-6　邻接举例

3. 连通

令 S 表示图像中像素的一个子集，若 S 中的像素 p 和 q 存在一个由 S 内元素组成的通路，称 p 和 q 在 S 中是连通的。

连通分量：对 S 中的任何像素 p，在 S 中连通到该像素的像素集。

连通集：若 S 仅有一个分量，则集合 S 为连通集。

4. 区域

令 R 表示图像中像素的一个子集，若 R 是一个连通集，则称 R 为图像的一个区域。

邻接区域：两个区域联合形成一个连通集时，称为邻接区域。

不相交区域：不邻接的区域。

区域 R 的边界（边框或轮廓）。边界（内边界）：R 中与 R 的补集中的像素相邻的一组像素。也就是，区域中与一个及以上背景点邻接的像素。外边界：背景中对应的边界。

图像的基本运算包括：图像的点运算；图像的代数运算；图像的几何运算；图像的逻辑运算和图像的插值。

（二）图像的点运算

点运算是指对一幅图像中每个像素点的灰度值按一定的映射关系进行运算，以改善图像显示效果的操作，也称对比度增强、对比度拉伸、灰度变换。这是一种像素的逐点运算，与相邻的像素之间没有运算关系，是原始图像与目标图像之间的映射关系，不改变图像像素的空间关系。

设输入图像的灰度为 $f(x,y)$，输出图像的灰度为 $g(x,y)$，则点运算可以表示为：$g(x,y)=T[f(x,y)]$。其中 $T[\ ]$ 是灰度变换函数，是对 f 在 (x,y) 点值的一种数学运算，即点运算是一种像素的逐点运算，是灰度到灰度的映射过程。

若令 $f(x,y)$ 和 $g(x,y)$ 在任意点 (x,y) 的灰度级分别为 r 和 s，则灰度变换函数可简化表示为：$s=T[r]$。

当输出图像的灰度值的范围大于输入图像时，图像的对比度增加，如图 1-2-7（a）所示；灰度变换函数也可以为非线性函数，如图 1-2-7（b）所示，图像表现为整体变亮。

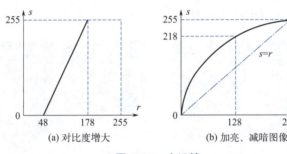

图 1-2-7　点运算

所以点运算可以改变图像数据所占据的灰度值范围，从而改善图像显示效果。根据映射关系的不同，点运算可以分为线性点运算和非线性点运算两类。

（1）线性点运算

线性点运算是指输入图像的灰度级与目标图像的灰度级呈线性关系，即输出灰度级与输入灰度级之间呈线性关系。线性点运算的灰度变换函数形式可以采用线性方程描述，即 $s=ar+b$，其中：r 为输入点的灰度值；s 为相应输出点的灰度值。

式中，a 用于调节对比度，$a>1$，增加图像对比度（灰度值范围增大），如图 1-2-8 所示；$0<a<1$，减小图像对比度（灰度值范围减小）。b 是一个平移项，对图像的整个灰度值进行平移，用于控制图像亮度。如果 a 为负值，暗区域将变亮，亮区域将变暗。

（a）变换前

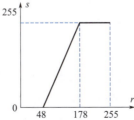

（b）变换后

图 1-2-8　增加图像对比度

线性点运算是对整幅图像进行同样的运算，也可以对不同的灰度值范围进行不同的运算。将感兴趣的灰度范围线性扩展，相对抑制不感兴趣的灰度区域，这就是分段线性点运算。设 $f(x, y)$ 灰度范围为 $[0, M_f]$，$g(x, y)$ 灰度范围为 $[0, M_g]$，如图 1-2-9 所示。

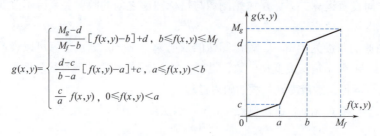

$$g(x,y)=\begin{cases} \dfrac{M_g-d}{M_f-b}\big[f(x,y)-b\big]+d, & b \leqslant f(x,y) \leqslant M_f \\[2mm] \dfrac{d-c}{b-a}\big[f(x,y)-a\big]+c, & a \leqslant f(x,y) < b \\[2mm] \dfrac{c}{a}f(x,y), & 0 \leqslant f(x,y) < a \end{cases}$$

图 1-2-9　非线性点运算

分段线性点运算使得图像黑的更黑，白的更白。但是全黑全白是有过渡的，有渐变的，处理出来的图像更加舒适，如图 1-2-10 所示。

(a) 变换前　　　　　　　　　　(b) 变换后

图 1-2-10　分段线性点运算

（2）非线性点运算

图像输出灰度级与输入灰度级之间呈非线性关系。非线性点运算的输出灰度级与输入灰度级呈非线性关系，常见的非线性灰度变换为对数变换和幂次变换。

① 对数变换。对数变换的一般表达式为：$s=c\log(1+r)$。其中 c 是一个常数，用来控制图像对比度。对低灰度区进行扩展，对高灰度区进行压缩，图像表现为加亮、减暗。非线性拉伸不是对图像的整个灰度范围进行扩展，而是有选择地对某一灰度值范围进行扩展，其他范围的灰度值则有可能被压缩。

② 幂次变换。幂次变换的一般形式为：$s=cr^\gamma$。其中 c 和 γ 为正常数。

（三）代数运算

代数运算是指对两幅或两幅以上的输入图像中对应像素的灰度值做加、减、乘或除等运算后，将运算结果作为输出图像相应像素的灰度值。这种运算的特点在于：其一，输出图像像素的灰度仅取决于两幅或两幅以上的输入图像的对应像素灰度值，和点运算相似，代数运算结果和参与运算像素的邻域内像素的灰度值无关；其二，代数运算不会改变像素的空间位置。

　　图像的相加或相乘可使某些像素的灰度值超出图像处理系统允许的灰度上限值，而图像的相减可使某些像素灰度值变为负数。实际应用中应充分考虑这些因素，并采取某些限定措施来避免此类事情的发生。例如，可以预先设定，凡图像相减使灰度值之差为负数时，一律以 0（灰度范围的下限）来代替等。

　　如果记 $A(x,y)$ 和 $B(x,y)$ 为输入图像，$C(x,y)$ 为输出图像。那么，四种代数运算的数学表达式如下。

　　加法运算：$C(x,y)=A(x,y)+B(x,y)$。加法运算可以用于图像的合成，也可以通过加法运算去除叠加性随机噪声，生成图像叠加效果。

　　减法运算：$C(x,y)=A(x,y)-B(x,y)$。减法运算通常用来检测多幅图像之间的变化，也可以用来把目标从背景中分离出去，消除背景影响。如运动检测、感兴趣区域的获取。在进行动态目标监测时，检查同一场景两幅图像之间的差值，可以发现森林火灾、洪水泛滥及监测灾情的变化，估计损失。也可以用于监测河口、河岸的泥沙淤积及江河湖泊、海岸等区域的污染状况。

　　乘法运算：$C(x,y)=A(x,y)\times B(x,y)$。乘法运算常用来进行图像的局部显示和图像的局部增强。

　　除法运算：$C(x,y)=A(x,y)/B(x,y)$。除法运算通常用来校正阴影，实现归一化。一般用于消除山影、云影等。

　　对于相加和相乘的情形，可能不止有两幅图像参加运算。

（四）图像的几何变换

　　几何运算就是改变图像中物体对象（像素）之间的空间关系。从变换性质来分，几何变换可以分为图像的位置变换（平移、镜像、旋转）、形状变换（放大、缩小）以及图像的复合变换等。几何运算可改变图像中各物体之间的空间关系。这种运算可以被看成将物体在图像内移动。

1. 缩放变换（Scale）

　　缩放变换是指通过改变图形的尺寸大小来实现对原图的放大或缩小的效果。在实际应用中，缩放变换被广泛用于图像处理领域。

　　缩放变换可以分为两种形式：等比例缩放和非等比例缩放。等比例缩放是指在水平和垂直方向上按照相同比例同时进行缩放操作，使得图像的每个点都按照相同的比例进行缩放。如图 1-2-11 所示，将原始图缩小到原来的 0.5 倍。

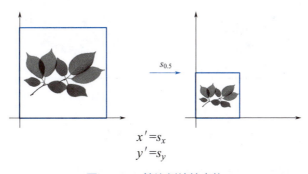

$$x'=s_x$$
$$y'=s_y$$

图 1-2-11　等比例缩放变换

缩放变换的原理可以简单地描述为根据缩放因子或缩放比例对原图的坐标进行变换。设原图的坐标为 (x, y)，变换后的坐标为 (x', y') 可以用矩阵乘法的形式表示为：

$$\begin{bmatrix} x' \\ y' \end{bmatrix} = \begin{bmatrix} s & 0 \\ 0 & s \end{bmatrix} \begin{bmatrix} x \\ y \end{bmatrix}$$

非等比例缩放是指在水平和垂直方向上按照不同的比例进行缩放的操作，从而导致图像宽度和高度的比例发生变化，如图 1-2-12 所示。

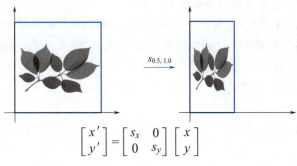

$$\begin{bmatrix} x' \\ y' \end{bmatrix} = \begin{bmatrix} s_x & 0 \\ 0 & s_y \end{bmatrix} \begin{bmatrix} x \\ y \end{bmatrix}$$

图 1-2-12　非等比例缩放变换

缩放变换可以应用于不同的应用场景。在图像处理中，缩放变换可以实现图像的放大和缩小的效果，从而满足不同的显示需求。在机器视觉中，缩放变换可以用于目标检测、图像匹配等检测任务。尽管缩放变换在机器视觉中具有广泛应用，但也存在一些问题，比如等比例缩放可以通过简单数学运算实现，但是非等比例缩放需要比较复杂的算法和技术来处理；在进行缩放变换时，存在图像质量和精度的损失，也会使图像边缘产生锯齿状的伪影效果。

2. 镜像变换（Reflection）

镜像变换最常见的有水平镜像变换、垂直镜像变换、对角镜像变换等，镜像变换后的高度和宽度都不变。以原图像的垂直中轴线为中心，将图像分为左右两部分进行对称变换，如图 1-2-13 所示。垂直镜像变换以原图像的水平中轴线为中心，将图像分为上下两部分进行对称变换。其他镜像变换原理类似。

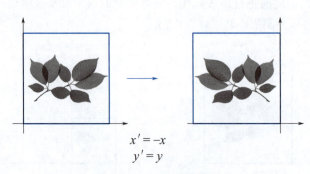

$$x' = -x$$
$$y' = y$$

图 1-2-13　水平镜像变换

水平镜像变换可以用矩阵乘法的形式表示：

$$\begin{bmatrix} x' \\ y' \end{bmatrix} = \begin{bmatrix} -1 & 0 \\ 0 & 1 \end{bmatrix} \begin{bmatrix} x \\ y \end{bmatrix}$$

3. 切割变换（Shear）

变换的只是横坐标，垂直方向没有变，固定一边，拉动另一边，如图1-2-14所示。

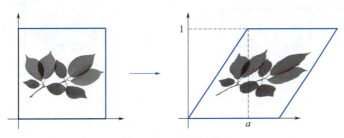

图 1-2-14　切割变换

切割变换可以用矩阵乘法的形式表示：

$$\begin{bmatrix} x' \\ y' \end{bmatrix} = \begin{bmatrix} 1 & a \\ 0 & 1 \end{bmatrix} \begin{bmatrix} x \\ y \end{bmatrix}$$

切割变换推导过程可以以其中具体的某一点为例进行，比如左上方那个点的前后变化。

4. 旋转变换（Rotate）

旋转变换是整体图像旋转一个角度，如图1-2-15所示。

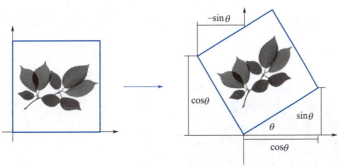

图 1-2-15　旋转变换

旋转变换可以用矩阵乘法的形式表示：

$$R_{\theta} = \begin{bmatrix} \cos\theta & -\sin\theta \\ \sin\theta & \cos\theta \end{bmatrix}$$

5. 平移变化（Linear Transforms）

以上的变换都是线性变换，即都可用下面的2×2的变换矩阵来表示：

$$x' = ax + by$$
$$y' = cx + dy$$
$$\begin{bmatrix} x' \\ y' \end{bmatrix} = \begin{bmatrix} a & b \\ c & d \end{bmatrix} \begin{bmatrix} x \\ y \end{bmatrix}$$
$$x' = Mx$$

平移变换：在平面内将一个图形上的所有点都按照某个方向做相同距离的移动，这样的图形变换叫作图形的平移变换。平移变换不改变图形的形状和大小，属于等距同构，如图1-2-16所示。

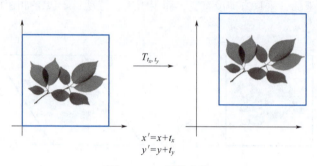

$$x'=x+t_x$$
$$y'=y+t_y$$

图 1-2-16　平移变换

用矩阵的方式来表示平移变换如下。平移不能够直接写成一个矩阵乘一个向量的形式，可见平移变换不是线性变换。

$$\begin{bmatrix} x' \\ y' \end{bmatrix} = \begin{bmatrix} a & b \\ c & d \end{bmatrix} \begin{bmatrix} x \\ y \end{bmatrix} + \begin{bmatrix} t_x \\ t_y \end{bmatrix}$$

（五）灰度直方图

灰度直方图是关于灰度级分布的函数，是对图像中灰度级分布的统计，描述的是图像中具有该灰度级的像素的个数。灰度直方图的横坐标是灰度级，纵坐标是该灰度级出现的频率，如图1-2-17所示。

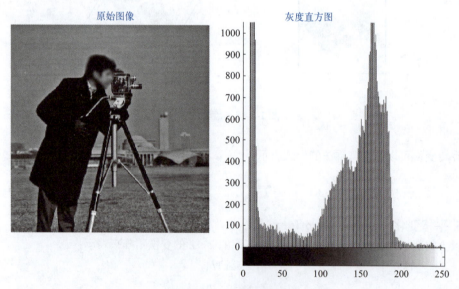

图 1-2-17　灰度直方图

灰度级，正常情况下就是 0 ～ 255 共 256 个灰度级，从最黑一直到最亮（白），每一个灰度级对应了一个数来储存该灰度对应的点数目。灰度直方图反映了图像中的灰度分布规律，它描述每个灰度级具有的像素的个数，但不包含这些像素在图像中的位置信息。灰度直方图不关心像素所处的空间位置，因此不受图像旋转和平移变化的影响，可以作为图像的特征。任何一幅特定的图像都有唯一的直方图与之对应，但不同的图像可以有相同的直方图。

灰度直方图体现出图像的亮度和对比度信息：灰度图分布居中说明亮度正常，偏左说明亮度较暗，偏右表明亮度较高；狭窄陡峭表明对比度降低，宽泛平缓表明对比度较高。根据直方图的形态可以判断图像的质量，通过调控直方图的形态可以改善图像的质量。

习题

设某个图像为：

1	9	6	8	0	7	8	7
3	4	0	1	5	8	4	8
6	8	3	8	6	0	3	7
3	5	7	5	1	6	3	6
2	3	7	0	3	5	0	5
8	0	2	3	4	9	3	8
6	8	1	9	6	7	0	3
0	5	4	8	0	7	7	9

求该图像的灰度直方图。

学习笔记

三、图像形态学

形态学图像处理（简称形态学）是指一系列处理图像形状特征的图像处理技术。在图像形态学中，不做特殊说明，输入图像为二值图像。图像中 1 是前景，0 是背景。

形态学的基本思想是利用一种特殊的结构元素来测量或提取输入图像中相应的形状或特征，以便进一步进行图像分析和目标识别。结构元素（Structuring Elements，SE）可以是任意形状，SE 中的值可以是 0 或 1。常见的结构元素有矩形和十字形。结构元素有一个锚点○，○一般定义为结构元素的中心（也可以自由定义位置）。图 1-2-18 所示是不同形状的结构元素。

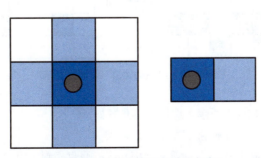

图 1-2-18　结构元素（彩图见文末）

　　数学形态学的基本运算有4个：腐蚀、膨胀、开运算（开启）和闭运算（闭合）。形态学图像处理方法利用结构元素的"探针"收集图像的信息，当探针在图像中不断移动时，便可考察图像各个部分之间的相互关系，从而了解图像的结构特征。在连续空间中，灰度图像的腐蚀、膨胀、开运算（开启）和闭运算（闭合）分别表述如下。

（一）腐蚀

　　腐蚀用来"收缩"或"细化"二值图像中的对象，能消除连通域的边界点，如图1-2-19所示，是使边界向内收缩的一种处理方法。收缩的方式和程度由一个结构元素控制。

　　假定 A 和 B 是 Z^2 上的两个集合，把 A 被 B 腐蚀定义为：

$$A\ominus B=\{z|(B)_z A^c\subseteq\emptyset\}$$

　　腐蚀的含义：腐蚀结果是这样一个由移位元素 z 组成得到的集合，以致 B 对这些元素移位操作的结果完全包含于 A。（c 表示补集。）

　　$(A\ominus B)^c=A^c\oplus\hat{B}$（腐蚀和膨胀关于补集和反射操作呈对偶关系）。

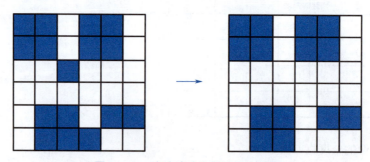

图 1-2-19　腐蚀消除连通域的边界点

　　换言之，A 被 B 腐蚀是所有结构元素的原点位置的集合，其中平移的 B 与 A 的背景并不叠加。

　　设计一个结构元素，结构元素的原点定位在待处理的目标像素上，通过判断是否覆盖，来确定该点是否被腐蚀掉，如图1-2-20所示。

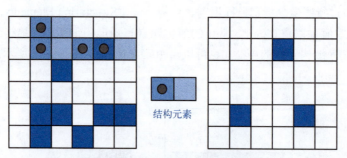

结构元素

图 1-2-20　腐蚀的运算（彩图见文末）

　　腐蚀运算举例如图1-2-21所示，腐蚀运算步骤如下：

① 扫描原图，找到第一个像素值为1的目标点。

② 将预先设定好形状以及原点位置的结构元素的原点移到该点。

③ 判断该结构元素所覆盖的像素值是否全部为1，如果是，则腐蚀后图像中的相同位置上的像素值为1；如果不是，则腐蚀后图像中的相同位置上的像素值为0。

重复②和③，直到原图中所有像素都处理完成。

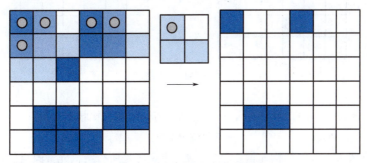

图 1-2-21　腐蚀运算举例（彩图见文末）

图像画面上边框处不能被结构元素覆盖的部分可以保持原来的值不变，也可以置为背景。腐蚀处理可以将粘连在一起的不同目标物分离，并可以将小的颗粒噪声去除，如图 1-2-22 所示。

(a) 原始图

(b) 腐蚀后的图

图 1-2-22　图像的腐蚀

从图中也可以看出，腐蚀操作将图像整体灰度值降低了，即腐蚀后的输出图像总体亮度比原图有所降低，图像中比较亮的区域面积变小，比较暗的区域面积增大。

腐蚀操作是对所选区域进行"收缩"的一种操作，可以用于消除边缘和杂点。经过腐蚀操作，图像区域的边缘变得平滑，区域的像素将会减少，相连的部分可能会断开，但各部分仍然属于同一个区域。

腐蚀运算是将图像中的像素点赋值为其局部邻域中灰度的最小值，因此图像整体灰度值减少，图像中暗的区域变得更暗，较亮的小区域被抑制。

（二）膨胀

膨胀是将目标区域的背景点合并到该目标物中，使目标物边界向外部扩张的处理，如图 1-2-23 所示。这种特殊的方式和变粗的程度由一个称为结构元素的集合控制。

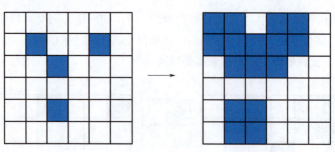

图 1-2-23　膨胀

假定 A 和 B 是 Z^2 上的两个集合，把 A 被 B（结构元素）膨胀定义为：

$$A \oplus B=\{z|(\hat{B})_z \cap A \neq \emptyset\}$$

其中，$\emptyset$ 为空集，B 为结构元素。总之，A 被 B 膨胀是所有结构元素原点位置组成的集合，其中映射并平移后的 B 至少与 A 的某些部分重叠。

膨胀含义：膨胀结果是这样一个由移位元素 z 组成的集合，以致 B 的反射对这些元素移位的结果与 A 至少重叠一个元素。因此也可以表示成：

$$A \oplus B=\{z|(\hat{B})_z \cap A \subseteq A\}$$

这种在膨胀过程中对结构元素的平移类似于空间卷积。设计一个结构元素，结构元素的原点定位在背景像素上，判断是否覆盖有目标点，来确定该点是否被膨胀为目标点，如图 1-2-24 所示。

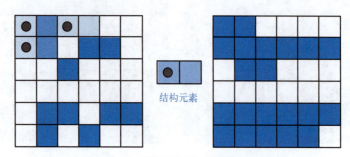

结构元素

图 1-2-24　膨胀的运算（彩图见文末）

膨胀运算举例如图 1-2-25 所示，膨胀运算步骤如下：

① 扫描原图，找到第一个像素值为 0 的背景点。

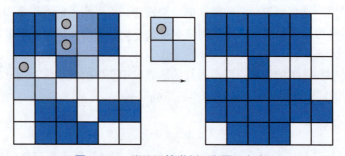

图 1-2-25　膨胀运算举例（彩图见文末）

② 将预先设定好形状以及原点位置的结构元素的原点移到该点。

③ 判断该结构元素所覆盖的像素值是否存在为 1 的目标点：如果是，则膨胀后图像中的相同位置上的像素值为 1；如果不是，则膨胀后图像中的相同位置上的像素值为 0。

重复②和③，直到原图中所有像素都处理完成。

膨胀相当于腐蚀的反向操作，图像中较亮的物体尺寸会变大，较暗的物体尺寸会变小。膨胀处理可以将断裂的目标物进行合并，便于对其整体的提取。经过膨胀操作，图像区域的边缘可能会变得平滑，区域的像素将会增加，不相连的部分可能会连接起来。但原本不相连的区域仍然属于各自的区域，不会因为像素重叠就发生合并。

膨胀运算，如图 1-2-26 所示，将图像中的像素点赋值为其局部邻域中灰度的最大值，经过膨胀处理后，图像整体灰度值增大，图像中亮的区域扩大，较暗的小区域消失。

(a) 原始图像　　　　　　　　　　(b) 膨胀后的图像

图 1-2-26　图像的膨胀

膨胀满足交换律，即 $A \oplus B = B \oplus A$。在图像处理中，我们习惯令 $A \oplus B$ 的第一个操作数为图像，而第二个操作数为结构元素，结构元素往往比图像小得多。

膨胀满足结合律，即 $A \oplus (B \oplus C) = (A \oplus B) \oplus C$。假设一个结构元素 B 可以表示为两个结构元素 $B1$ 和 $B2$ 的膨胀，即 $B = B1 \oplus B2$，则 $A \oplus B = A \oplus (B1 \oplus B2) = (A \oplus B1) \oplus B2$，换言之，用 B 膨胀 A 等同于用 $B1$ 先膨胀 A，再用 $B2$ 膨胀前面的结果。我们称 B 能够分解成 $B1$ 和 $B2$ 两个结构元素。膨胀所需要的时间正比于结构元素中的非零像素的个数。

膨胀与腐蚀运算，对目标物的处理效果明显。但是腐蚀和膨胀运算改变了原目标物的大小。为了解决这一问题，考虑到腐蚀与膨胀是一对逆运算，将膨胀与腐蚀运算同时进行，由此便构成了开运算与闭运算。

（三）开运算（开启）

开运算可以在分离粘连目标物的同时，基本保持原目标物的大小。开运算先用结构元素 B 对 A 腐蚀，再对腐蚀结果用同样的结构元素进行膨胀操作，如图 1-2-27 所示。

$$开运算定义为：A \circ B = (A \ominus B) \oplus B$$

A 被 B 的形态学开运算可以记作 $A \circ B$，这种运算是 A 被 B 腐蚀后再用 B 来膨胀腐蚀结果，开运算也可以通过下面的拟合过程来表示：

$$A \circ B = \bigcup \{(B)_z | (B)_z \subseteq A\}$$

其中，U{·}指大括号中所有集合的并集。该公式的简单几何解释为：$A \circ B$ 是 B 在 A 内完全匹配的平移的并集。形态学开运算完全删除了不能包含结构元素的对象区域，平滑了对象的轮廓，断开了狭窄的连接，去掉了细小的突出部分。可以消除亮度较高的细小区域，而且不会明显改变其他物体区域的面积。

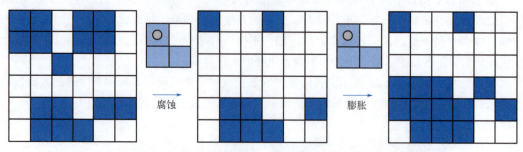

图 1-2-27　开运算

腐蚀运算既能去除小的非关键区域，也可以把离得很近的元素分隔开，再通过膨胀填补过度腐蚀留下的空隙。因此，通过开运算能去除孤立的、细小的点，平滑毛糙的边缘线，同时原区域面积也不会有明显的改变，类似于一种"去毛刺"的效果。

总的来说，开运算通常用于去除小的（相对于结构元素而言）亮细节，而保留总体的灰度级和大的亮的特征不变。因为开始的腐蚀操作在消除小的亮细节的同时也会使图像变暗，所以后面的膨胀过程用于增加图像的整个亮度，但不会再引入被去除的细节。

（四）闭运算（闭合）

闭运算是对原图先进行膨胀处理，后再进行腐蚀处理，如图 1-2-28 所示。闭运算可以在合并断裂目标物的同时，基本保持原目标物的大小。A 被 B 形态学闭运算记作 $A \cdot B$，它是先膨胀后腐蚀的结果，闭运算定义为：

$$A \cdot B = (A \oplus B) \ominus B$$

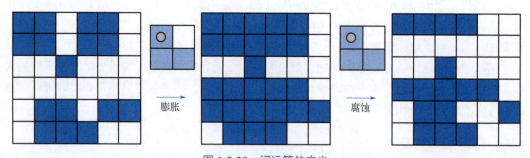

图 1-2-28　闭运算的定义

闭运算的计算步骤与开运算正好相反，为先膨胀，后腐蚀。这两步操作能将看起来很接近的元素，如区域内部的空洞或外部孤立的点连接成一体，区域的外观和面积也不会有明显的改变。从几何学上讲，$A \cdot B$ 是所有不与 A 重叠的 B 的平移的并集。形态学闭运算会使对象的轮廓平滑，与开运算不同的是，闭运算一般会将狭窄的缺口连接起来形成细长的弯口，并填充比结构元素小的洞（消除细小黑色空洞），但不会明显改变其他物体区域面积。

通俗地说，就是类似于"填空隙"的效果。与单独的膨胀操作不同的是，闭运算在填空隙的同时，不会使图像边缘轮廓加粗。

总的来说，闭运算通常用于去除小的（相对于结构元素而言）暗细节，同时相对保留亮特征不变。因为开始的膨胀操作在消除暗细节的同时也会使图像变亮，所以后面的腐蚀过程使图像变暗，但不会再引入被去除的细节。

基于这些基本运算可以推导和组合成各种数学形态学实用算法，用它们可以进行图像形状和结构的分析及处理，包括图像分割、特征提取、边界检测、图像降噪、图像增强和恢复等。

习题

（1）图 1-2-29 为腐蚀运算，图（a）中的阴影部分为集合 A，图（b）中的阴影部分为结构元素 B，求 A 被 B 腐蚀的结果。

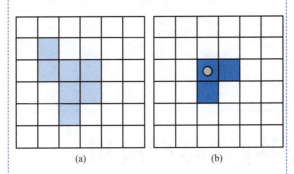

(a)　　　　　(b)

图 1-2-29　腐蚀运算

（2）设一个二值图像为 $f=$

$$\begin{bmatrix} 1 & 1 & 1 & 0 & 0 & 0 & 0 \\ 1 & 0 & 0 & 1 & 0 & 1 \\ 1 & 0 & 0 & 0 & 0 & 1 \\ 0 & 0 & 1 & 0 & 1 & 1 \\ 0 & 1 & 0 & 0 & 1 & 0 \\ 0 & 0 & 0 & 1 & 0 & 0 \end{bmatrix}$$，结构元素为 $S=\begin{bmatrix} 1 & 0 \\ 1 & 1 \end{bmatrix}$。

原点为 S 的左上角元素，即 $S(1,1)$。用结构元素 S 对图 1-2-29 分别做一次腐蚀处理和一次膨胀处理。

学习笔记

模块二

实战——机器视觉典型应用

项目一　物料识别

 **项目描述**

随着工业 4.0 的到来，机器视觉及其应用在智能制造领域越来越重要，已经成为工业生产过程中不可或缺的部分。机器视觉可以通过对物料的形状、颜色、尺寸等方面进行识别，区分不同种类的物料；也可以通过测量物料的长度、宽度、高度、质量等参数，进行判断和分类。这种方式对于形状、颜色、尺寸明显的物料较为适用。机器视觉的物料识别方式主要是通过机器视觉技术，结合视觉软件对物料进行智能识别的，这种方式可以提高分拣的准确率和效率，但也需要不断地进行优化和调整，以适应不同类型、不同形状、不同尺寸的物料。未来随着技术的不断进步和应用，基于机器视觉的物料识别方式将更加智能化和高效化。

 知识与技能目标

（1）掌握海康威视的视觉系统管理软件 Vision Master 的基本功能；
（2）能根据实际项目完成 Vision Master 的流程搭建；
（3）能根据实际项目选择合适的光源和相机并能进行图像采集及分析；
（4）能完成物料的识别，在主界面进行显示。

 素质目标

（1）培养创新思维和解决实际问题的能力；
（2）学会分析和解决实际问题的方法；
（3）培养团队合作和沟通能力；
（4）培养自主学习和自我管理的能力。

 **基础知识**

知识点一　海康威视 Vision Master 的认知

Vision Master
界面介绍

一、Vision Master 功能概述

Vision Master 算法平台集成机器视觉的多种算法组件，适用于多种应用场景，可快速组合算法，实现对工件或被测物的查找、测量、缺陷检测等，具有功能丰富、性能稳定、用户操作界面友好的特点。

海康威视 Vision Master 封装了千余种自主开发的图像处理算子，形成了强大的视觉分析工具库，无须编程，通过简单灵活的配置便可快速构建机器视觉应用系统。该软件平台功能丰富、性能稳定可靠，用户操作界面友好，能够满足视觉定位、测量、检测和识别等视觉应用需求。

二、Vision Master 基本功能

Vision Master 组件拖放式操作，无须编程即可构建视觉应用方案；以用户体验为中心的界面设计，提供图像式可视化操作界面；支持多平台运行，适应 Windows 7/10（64bit 操作系统），兼容性高。

双击图标启动软件，弹出 Vision Master 客户端启动引导界面。界面中包含方案类型选择、最近打开方案、学习使用 Vision Master、查看示例方案、获取更多支持和帮助。方案类型选择包含"通用方案，定位测量，缺陷检测，用于识别"四个模块，其中通用方案包含后三个模块，用户可根据所需方案编辑类型进行选择，进入识别模块的主界面，如图 2-1-1 所示。主界面可以分成以下几个区域。

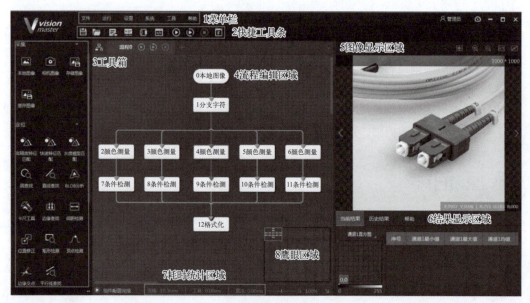

图 2-1-1　主界面

（一）菜单栏

菜单栏主要包含文件、运行、系统、账户、帮助、工具等模块。

主界面中最上面显示软件的菜单栏，菜单栏提供了算法平台软件的文件、运行、系统、账户、帮助等选项，如图 2-1-2 所示。

图 2-1-2　菜单栏

1. 文件

该子菜单栏有新建方案、打开方案、最近打开方案、打开示例、保存方案、方案另存为、退出等操作选项。

① 新建方案：进入新的方案搭建流程，单击后会提示是否保存当前方案，用户按需选择即可。

② 打开方案：打开之前创建并保存的方案。

③ 最近打开方案：打开最近打开过的方案。

④ 打开示例：打开软件自带示例方案，主要包含已经搭建完成的常见视觉方案。

⑤ 保存方案：保存当前配置好的算法方案，文件后缀为 .sol，保存时会提示加密设置，可设置是否加密。

⑥ 方案另存为：保存当前配置好的算法方案到指定的路径，保存时会提示加密设置，可设置是否加密。

⑦ 退出：退出 Vision Master 软件。

2. 运行

该子菜单栏可以控制当前方案的运行方式：单次运行（F6）、连续运行（F5）、停止运行（F4），也可以打开运行界面显示（F10）。

3. 设置

权限设置：启用加密并设置管理员密码，相当于启用了管理员权限，在主界面右上角会弹出管理员控制选项。启用加密后可重置管理员密码，也可以启用技术员和操作员权限，并设定相应的密码，技术员可行使管理员所开放的权限，操作员仅能对前端运行界面的按钮进行点击操作。

4. 系统

该子菜单栏有日志和通信管理两个操作选项。

① 日志：可以查看软件运行过程中的日志信息。

② 通信管理：可以添加通信设备。

5. 工具

深度学习训练工具，主要用于深度学习的训练，安装深度学习补丁包后该工具才显示。

6. 帮助

帮助菜单栏中有帮助文档、学习 Vision Master、版本信息、更多支持和打开欢迎页选项。

① 帮助文档：可打开 Vision Master 的用户手册，从中获取操作步骤和相关设置方法。

② 学习 Vision Master：算法平台 Vision Master3.2.0 介绍。

③ 版本信息：可以查看当前的软件版本信息及版权信息。

④ 更多支持：打开海康威视官方网站寻求更多帮助。

⑤ 打开欢迎页：打开启动引导界面。

（二）快捷工具条

图 2-1-2 主界面中快捷工具条在菜单栏的下面，工具条中的相关操作按钮能快速、方便地对相机进行相应的操作，每个按钮对应的含义如图 2-1-3 所示。

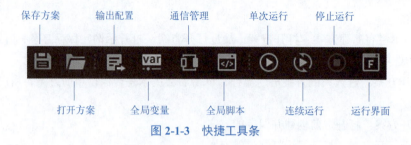

图 2-1-3 快捷工具条

① 保存方案：在操作区连接相应工程后使用该按钮可保存工程方案文件到本地。

② 打开方案：加载存在于本地的工程方案文件。

③ 输出配置：输出配置用于开放一些流程接口并提供给 SDK 进行二次开发。

④ 全局变量：最多可设置 32 个全局变量，并可定义每个变量的名称、类型、当前值和通信字符串的值。启用通信初始化后，可以通过配置通信字符串，实现对全局变量初始值的设置，如变量 var0，通过通信工具发送 SetGlobalValue：var0=0，可将该变量值设为 0，如图 2-1-4 所示。

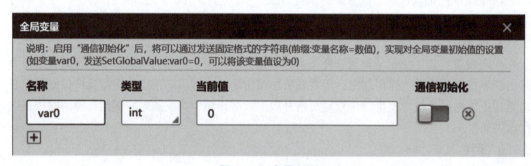

图 2-1-4 全局变量

⑤ 通信管理：可以设置通信协议以及通信参数，支持 TCP、UDP 和串口通信，如图 2-1-5 所示。

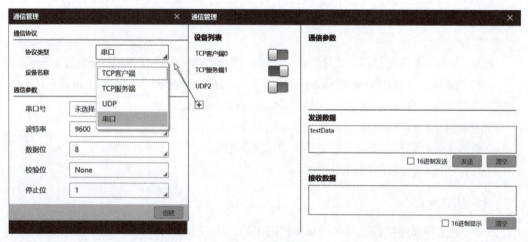

图 2-1-5 通信管理

⑥ 全局脚本：可查阅"Vision Master 算法平台用户手册"。

⑦ 单次运行：单击后单次执行流程。

⑧ 连续运行：单击后连续执行流程。

⑨ 停止运行：需要中断或提前终止方案操作的情况下，单击"停止运行"按钮即可。

⑩ 运行界面：可以根据自己需要自定义显示界面。

（三）工具栏

工具栏区的工具主要包含常用工具、采集、定位、测量、识别、标定、图像处理、颜色处理、缺陷检测、逻辑工具和通信等，如图 2-1-1 主界面中的区域 3 所示。

① 常用工具：可以自定义经常用到的工具，最多添加 32 个。

② 采集：分为相机数据采集、本地图像采集、存储图像和缓存图像。

③ 定位、测量、识别、深度学习、标定、图像处理、颜色处理、缺陷检测、逻辑工具等模块都属于视觉处理工具，可以依据方案需求来选择相应的算法模块组合使用。

④ 通信：有 IO 通信、ModBus 协议通信和 PLC 通信，可以配合通信管理、数据队列等接收和发送信息，支持 TCP 客户端、TCP 服务端、UDP、串口。

（四）流程编辑模块

内容略。

（五）图像显示模块

内容略。

（六）结果显示模块

结果显示模块可以查看当前结果、历史结果和帮助信息。

（七）耗时统计模块

耗时统计模块显示所选单个工具运行时间、总流程运行时间和算法耗时。

（八）鹰眼显示区域

鹰眼显示区域，支持全局页面查看。

三、Vision Master 的流程搭建

通过简单的拖拽，可以完成流程搭建。鼠标停留在左侧对应工具栏就可以显示子工具，选中要使用的工具拖拉至流程编辑区域，然后按照项目逻辑需求对相关工具进行连线，双击配置参数即可，如图 2-1-6 所示。

双击"圆查找"可以进行"圆查找"基本参数的设置，主要包括图像输入源的选择和 ROI（Region of Interest）的设置，如图 2-1-7 所示。

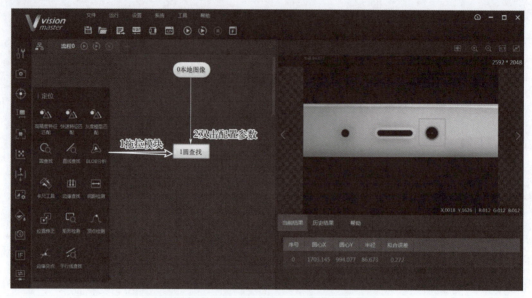

图 2-1-6　Vision Master 流程搭建

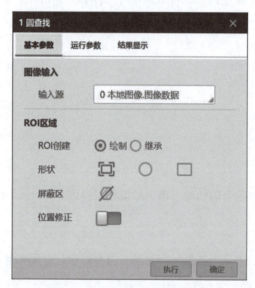

图 2-1-7　"圆查找"基本参数

（一）"圆查找"基本参数

"圆查找"基本参数的设置如下。

① 图像输入。选择本工具处理图像的输入源，可根据自己的需求从下拉栏中进行选择。

② ROI 区域。ROI 区域有绘制和继承两种创建方式，设置后对应工具只会对 ROI 区域内的图像进行处理。

③ 绘制。绘制自己感兴趣的区域，对应三个形状，从左到右依次是全选、框选圆形感兴趣区域、框选矩形感兴趣区域；某些模块中还可以自定义最多 32 个顶点的多边形感兴趣区域。

④ 继承。继承前面模块的某个特征区域。

⑤ 选择圆形感兴趣区域。可在参数中设置或查看该区域圆心点坐标、外径大小和内径大小、起始角度（初始的半径指向与 x 轴正半轴的夹角大小）和角度范围，如图 2-1-8 所示。

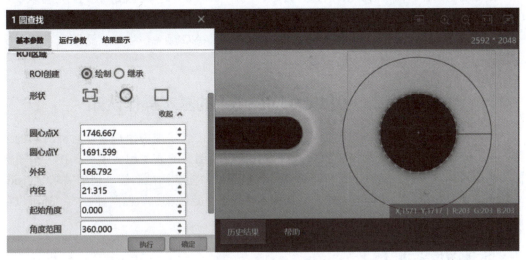

图 2-1-8　ROI 参数

（二）"圆查找"的运行参数

运行参数中涉及很多工具的参数设置，不同工具的运行参数各有不同，"圆查找"的运行参数，如图 2-1-9 所示。

（三）"圆查找"的结果显示

结果显示包含结果判断、图像显示、文本判断和前项显示，以圆查找为例，如图 2-1-10 所示。

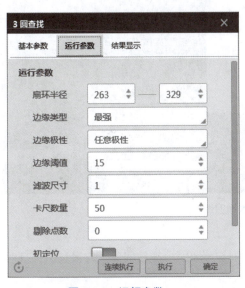

图 2-1-9　运行参数

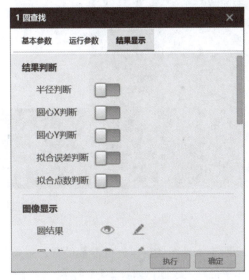

图 2-1-10　结果显示

结果判断：对算法输出结果进行判断，判断结果会对模块状态造成的影响。以半径判断为例，开启半径判断则可设置目标圆的半径范围，默认 0 ～ 99999，当查找的圆半径在参数范围内时，圆轮廓会显示绿色，超出会显示红色。

图像显示：在图像中对算法结果进行渲染显示，默认打开，单击后可关闭。还可以设置OK 的颜色和 NG 的颜色，在圆结果中 OK 颜色决定拟合圆的轮廓颜色。

文本显示：可以设置文本显示的内容、OK 颜色、NG 颜色、字号、透明度、位置坐标等。

知识点二　Vision Master 的基本操作认知

机器视觉技术的第一步是图像采集，即通过各种传感器或摄像机获取目标对象的图像。这一环节对于后续处理至关重要，因为它决定了图像的质量和清晰度。在采集图像时，需要考虑到光照、角度、背景等因素，以确保图像能够满足后续处理的需求。Vision Master 图像采集可设置图像的来源，有加载本地图像、连接相机取图两种方式，还可以存储图像。

一、本地图像采集

本地图像采集指读取已经拍摄成功的一张图像或者一组图像。拖动"本地图像"模块到流程编辑区，如图 2-1-11 所示，可以加载本地图像、图像文件夹，也可以删除图像。

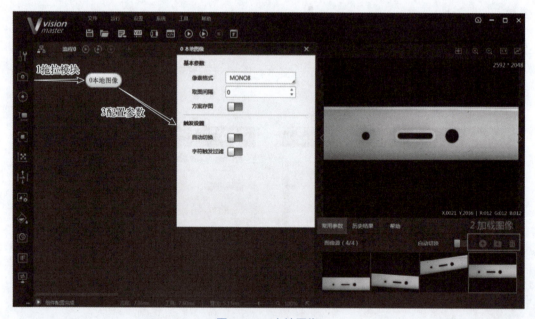

图 2-1-11　本地图像

双击本地图像可以进行参数设置，主要参数有像素格式、取图间隔、方案存图、自动切换和字符触发过滤，如表 2-1-1 所示。

表 2-1-1　图像基本参数

序号	基本参数	说明
1	像素格式	可以设置像素格式为 Mono8 或 RGB24
2	取图间隔	可以设置自动切换的取图间隔时长，单位为 ms
3	方案存图	可以设置保存方案时是否包括本地图像
4	自动切换	开启后每次运行都会切换到下一张图像
5	字符触发过滤	开启后可通过外部通信来控制功能模块是否运行。 输入字符：选择输入字符的来源。 触发字符：未设置字符时传输进来的任意字符都可触发流程，设置字符后传输进来的相应字符才能触发流程，传输进来的字符与设置的字符不一致时流程不被触发

二、连接相机

拖动"相机图像"模块到流程编辑区，在选择相机栏下拉可看到当前在线的所有相机，选择想要连接的相机，依据方案需求，配置相应的相机参数。添加相机的步骤如下。

光源和相机的设置

① 添加相机，单击"相机管理"，如图 2-1-12 所示添加相机。

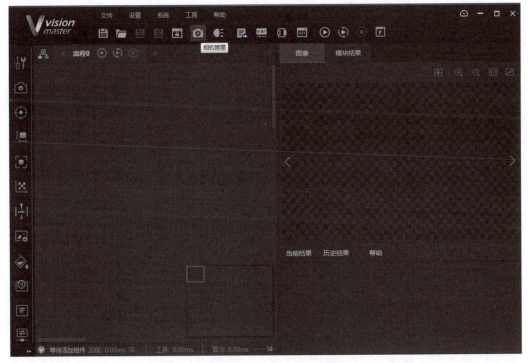

图 2-1-12　"相机管理"界面

② 进入"相机管理"界面，进行相机管理设置，如图 2-1-13 所示。

图 2-1-13　相机管理设置

③ 添加"全局相机"，如图 2-1-14 所示，选择相机类型后，单击"确定"。

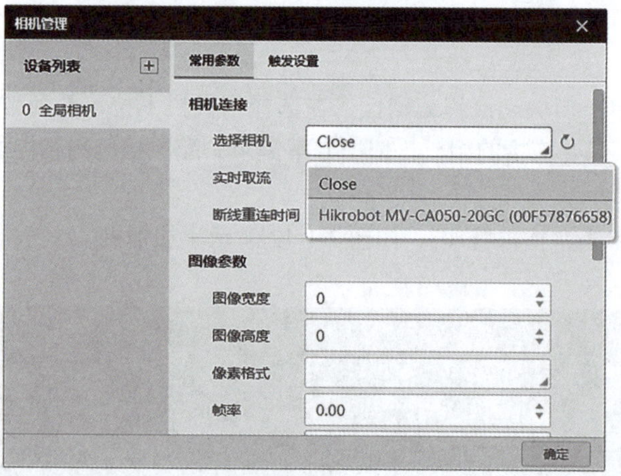

图 2-1-14　选择相机

相机常用参数设置如图 2-1-15 所示。

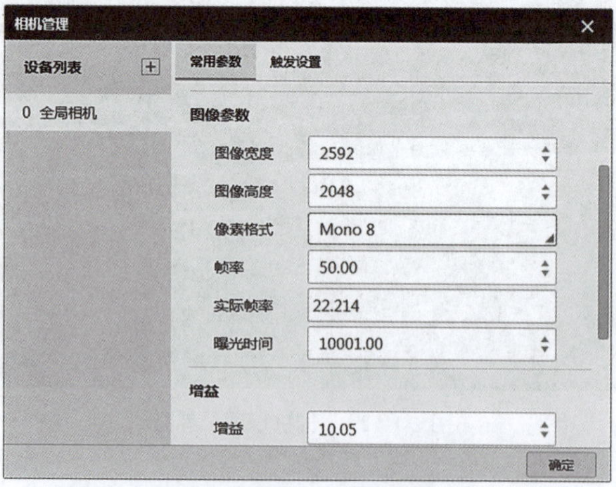

图 2-1-15　相机常用参数设置

相机常用参数如表 2-1-2 所示。

表 2-1-2　相机常用参数

序号	常用参数	说明
1	选择相机	可以选择当前局域网内在线的 GigE 面阵、GegE 线阵相机或者 U3V 相机进行连接，同时可兼容 Basler、灰点等第三方相机
2	断线重连时间	当相机因为网络等因素断开时，在该时间内，模块会进行重连操作
3	图像宽度、图像高度	可以查看并设置当前被连接相机的图像宽度和高度
4	像素格式	有两种，分别是 Mono8 和 RGB24
5	帧率	可以设置当前被连接相机的最大帧率
6	实际帧率	当前相机的实时采集帧率
7	曝光时间	当前打开的相机的曝光时间，曝光影响图像的亮度
8	增益	在不增加曝光值的情况下，通过增加增益来提高亮度 Gamma：Gamma 校正提供了一种输出非线性的映射机制，Gamma 值在 0 ~ 1 之间，图像暗处亮度提升；Gamma 值在 1 ~ 4 之间，图像暗处亮度下降
9	行频	当连接的相机是线阵相机时，可以设置相机的行频

三、存储图像

拖动"存储图像"模块到流程编辑区，双击配置相应的参数，配置完成后运行流程，可对相机图像、本地图像或者图像处理工具处理过的图像进行存储，具体的参数配置如表 2-1-3 所示。

表 2-1-3　存储图像参数

序号	存储图像	说明
1	输入源	选择存图的来源，可选择方案中的相机图像、本地图像或者处理后的图像
2	触发存图	触发变量一般绑定条件检测结果，它配合存图条件进行存图。存图条件有全部保存、OK 时保存、NG 时保存和不保存
3	保存路径	自定义存储图像的路径
4	最大保存数量	在设置的路径下最多能保存的图像数量
5	存储方式	设置达到最大存储数量或是所在磁盘空间不足时对图像处理的方式，可选择覆盖之前的图像或停止存储图像两种方式
6	保存格式	有 BMP 和 JPEG 两种格式
7	图像压缩质量	当选择保存格式为 JPEG 时可以自定义图像压缩质量，最高得分为 100
8	文件命名	可自定义前缀或者订阅之前模块数据作为前缀，序号或者日期作为后缀，形如 IMG-1，采用触发存图时命名格式会随着模块状态发生变化，如 IMG-OK-1

续表

序号	存储图像		说明
9	图形倍率类型	原图尺寸	开启前项存储时默认为原图尺寸，而字体为界面尺寸，可能会出现字体在存图中显示过小的情况
		界面尺寸	图像和字体都按照界面尺寸存储
		自定义倍率	存图时线宽倍率指定位框的线宽，字宽指字体的放大倍率
10	前项存储设置		当开启前项存储时可以存储前面模块的输出结果，例如输出包含圆查找结果的图像以及其他的文字信息

另外，缓存图像可用于方案的功能调试，当某些样本图像出现误判时可使用缓存图像功能将图像进行缓存。该功能使能时流程运行一次可缓存一张图像，最多缓存五张，新的缓存图像会覆盖之前的图像。后续处理模块的数据源可以绑定五张缓存图像中的任意一张，便于方案调试的过程追溯。

四、添加相机光源

① 相机设置结束后，进行光源的选择，单击图 2-1-16 所示的"光源管理"。

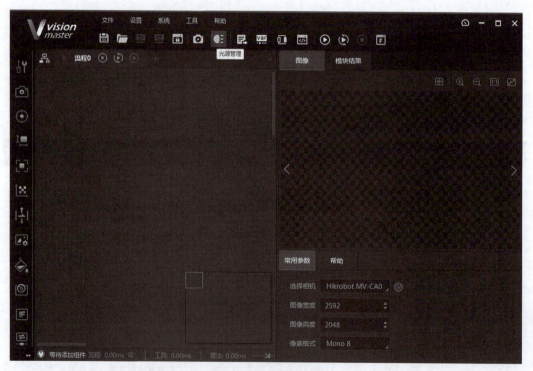

图 2-1-16　光源管理

② 进入"光源管理"界面，如图 2-1-17 所示。

图 2-1-17 光源管理

③ 单击"设备列表",添加现有光源 HIK-VB2200,如图 2-1-18 所示。

图 2-1-18 添加光源

④ 设备名称可以修改,串口号根据实际接线选择,这里选择 COM2,如图 2-1-19 所示。

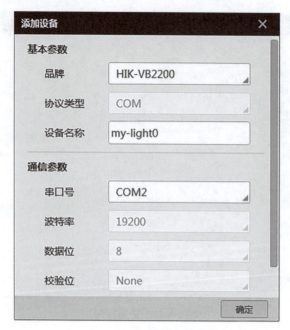

图 2-1-19　光源参数设置

⑤ 单击确认后，"0 my-light0"光源就设置好了，打开使能端，如图 2-1-20 所示。

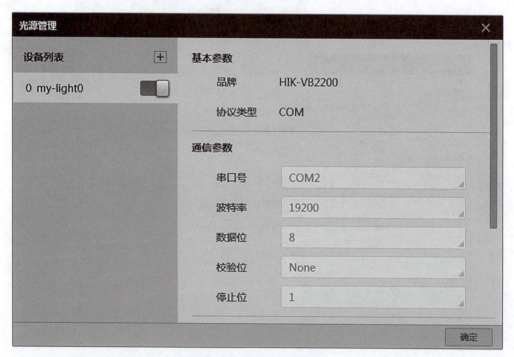

图 2-1-20　打开光源使能端

⑥ 光源参数中亮度可以根据实际情况进行设置，这里设置亮度值为 50，如图 2-1-21 所示，单击确定。

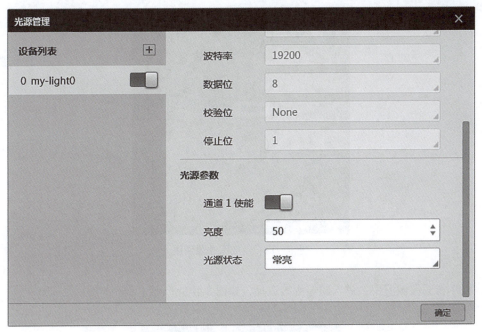

图 2-1-21　光源亮度选择

⑦ 单击"采集"，选择"图像源"，如图 2-1-22 所示。

图 2-1-22　添加图像源

⑧ 添加图像源如图 2-1-23 所示。

图 2-1-23　添加图像源流程

⑨ 单击图像源流程，进入图像源的选择，如图 2-1-24 所示。

图 2-1-24　图像源参数选择

⑩ 如果要进行本地图像的分析，选择"本地图像"；如果要用相机直接拍照分析，选择"相机"。本项目选择"相机"，关联"全局相机"如图 2-1-25 所示。

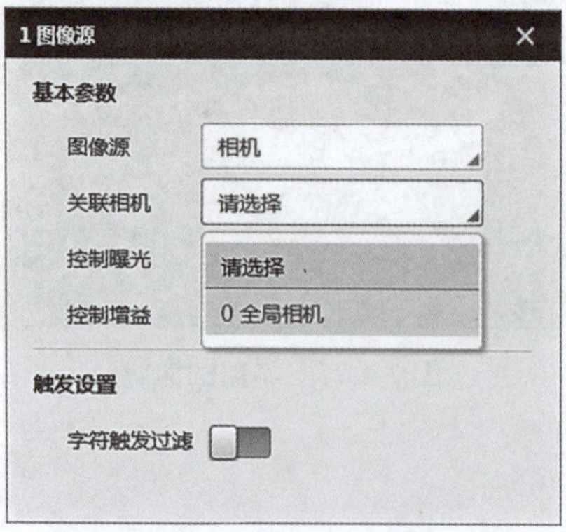

图 2-1-25　选择"全局相机"

⑪ 选择"采集",添加光源,如图 2-1-26 所示。

图 2-1-26 添加光源

⑫ 图像源与光源连接,如图 2-1-27 所示。

图 2-1-27 图像源与光源连接

⑬ 双击"光源",进入光源设置界面,"光源设备"选择现有光源,如图 2-1-28 所示,单击执行,光源被点亮。

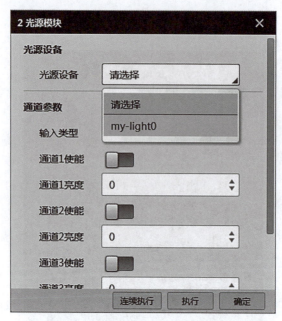

图 2-1-28 光源设计

⑭ 可以根据实际情况调节光源的亮度，如图 2-1-29 所示，这里通道 1 亮度调为 32。

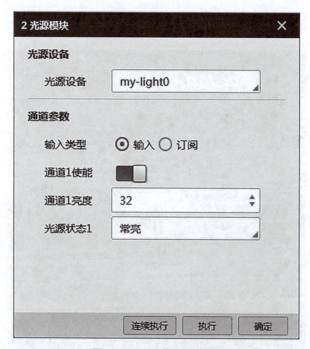

图 2-1-29 调整光源亮度

⑮ 单击"确定"，调整相机的光圈和光栅，单击"单次运行"，直到拍到合适的照片，本项目拍照效果如图 2-1-30 所示。

图 2-1-30　拍照效果

⑯ 至此，相机和光源设置正确，并能拍摄出合适的照片。

⑰ 接下来，本项目以"圆查找"为例，来看看相机是否能识别图像中的物体。按照之前的步骤添加"圆查找"，如图 2-1-31 所示。

图 2-1-31　添加"圆查找"

⑱ 双击"圆查找",进行圆查找参数设置,基本参数设置如图 2-1-32 所示。

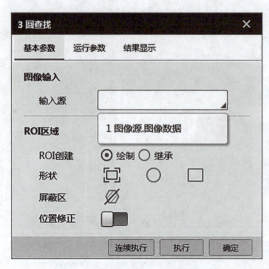

图 2-1-32 "圆查找"基本参数

⑲ ROI 区域,"形状"选择圆,在图像中框选,如图 2-1-33 所示。

图 2-1-33 选择圆对象

⑳ 设置"圆查找"的运行参数，注意扇形半径的设置，卡尺数量根据实际情况设置，本项目设置为 50，如图 2-1-34 所示。

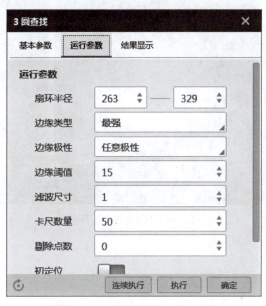

图 2-1-34　"圆查找"运行参数

㉑ "圆查找"结果显示设置如图 2-1-35 所示，在图上显示圆的半径，字号为 20，位置可以根据实际情况调节。

图 2-1-35　"圆查找"结果显示设置

㉒ 单击确定，运行结果如图 2-1-36 所示。

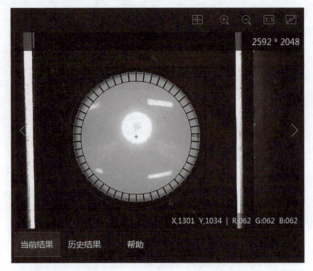

图 2-1-36 "圆查找"运行结果

㉓ 成功识别到检测对象。

项目实施

机器视觉计数的基本原理是通过图像处理技术和目标检测算法，对图像或视频中的目标进行识别和计数。其主要步骤包括图像获取、预处理、目标检测和计数。本项目要求完成拍照后对图像中的草莓和四叶草的个数进行统计并显示，如图 2-1-37 所示。

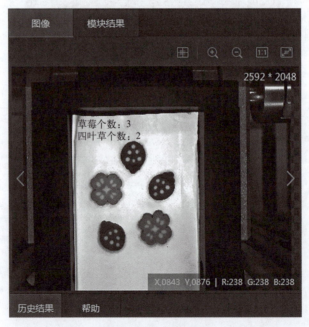

图 2-1-37 个数统计

本项目以"快速特征匹配"为例进行 Vision Master 流程的搭建,步骤如下。

① 正确添加图像源及光源,拍摄照片如图 2-1-38 所示,要求正确显示图像中草莓和四叶草的个数。

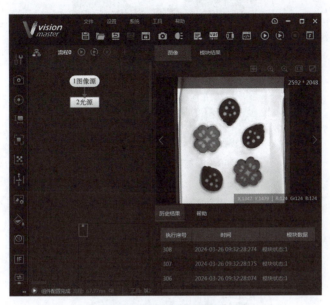

图 2-1-38　照片拍摄

② 在定位中选择"快速特征匹配"如图 2-1-39 所示。

图 2-1-39　快速特征匹配

③ 将"快速特征匹配"添加到光源下方,如图 2-1-40 所示。

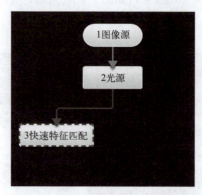

图 2-1-40 添加"快速特征匹配"流程

④ 双击打开"快速特征匹配"进行参数设置,如图 2-1-41 所示,在基本参数中选择图像输入源。

图 2-1-41 "快速特征匹配"基本参数设置

⑤ 单击"特征模板",如图 2-1-42 所示,创建一个"草莓"的特征模板。

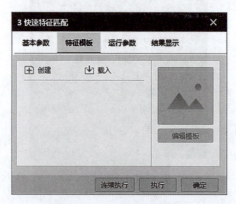

图 2-1-42 特征模板设置

⑥ 单击"创建"后，进入"模板配置"窗口，如图 2-1-43 所示。

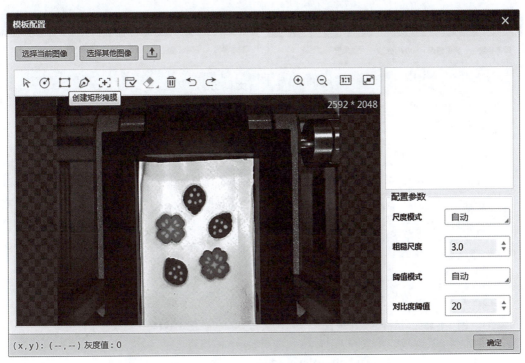

图 2-1-43 "模板配置"窗口

⑦ 单击"创建矩形掩膜"，选择框选草莓，如图 2-1-44 所示，单击"确定"。

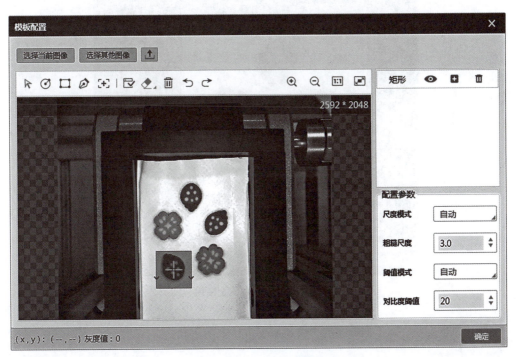

图 2-1-44 创建草莓特征模板

⑧ 进入图 2-1-45 所示"运行参数"设置。"结果显示"设置如图 2-1-46 所示。

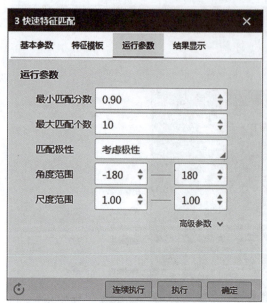

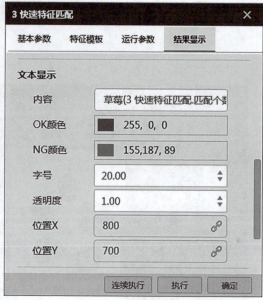

图 2-1-45 "运行参数"设置   图 2-1-46 "结果显示"设置

⑨ 单击"确定",得到的结果如图 2-1-47 所示。

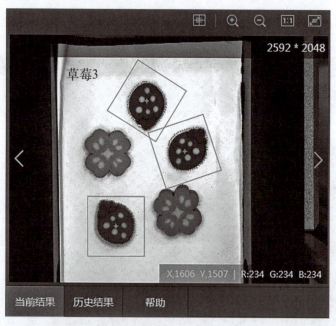

图 2-1-47 草莓识别结果

⑩ 同样的方法,显示四叶草的个数,如图 2-1-48 所示。

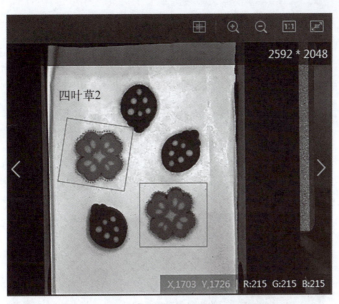

图 2-1-48 四叶草识别结果

⑪ 选择"逻辑工具"中的"格式化",如图 2-1-49 所示。

图 2-1-49 添加"格式化"流程

⑫ 将草莓个数和四叶草个数一起显示在屏幕上,流程如图 2-1-50 所示。

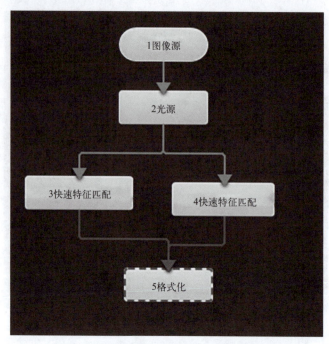

图 2-1-50　流程添加结果

⑬ 双击格式化，进入格式化参数的设置，如图 2-1-51 所示。基本参数设置如图 2-1-52 所示。

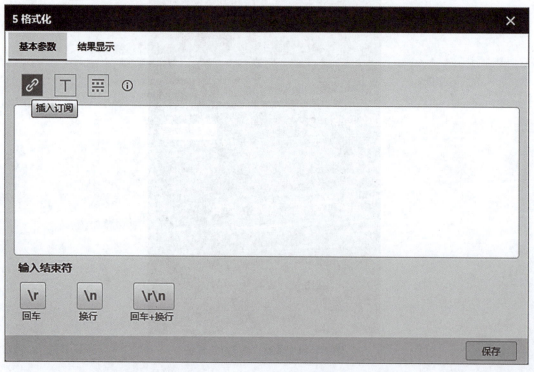

图 2-1-51　"格式化"设置窗口

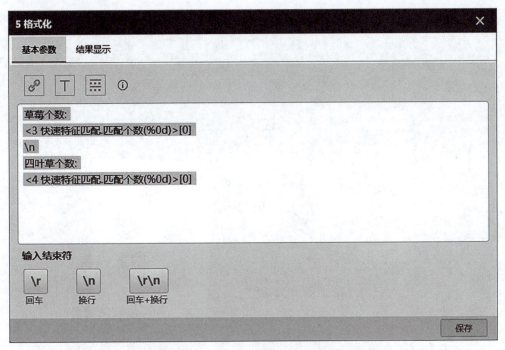

图 2-1-52　格式化"基本参数"设置

⑭ 结果显示设置如图 2-1-53 所示。

图 2-1-53　格式化"结果显示"设置

⑮ 最终显示结果如图 2-1-54 所示。

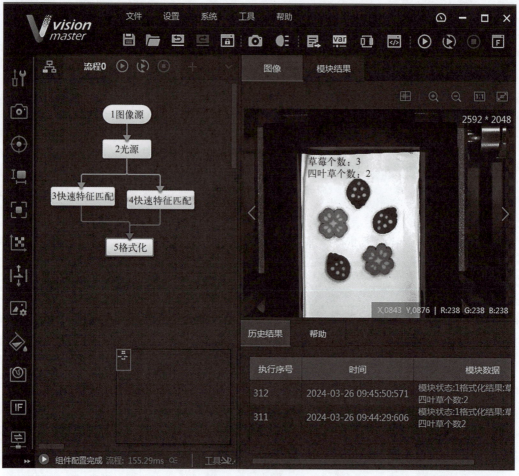

图 2-1-54　个数显示

⑯ 至此，完成草莓和四叶草的识别与个数统计。

重难点记录

 项目评价

　　本项目的主要目的是熟悉海康威视 Vision Master 的基本操作，完成 Vision Master 的简单流程搭建，包括相机的选择与连接，光源的选择与调节等。在此基础上通过圆查找完成物料的识别，同时进行计数。学生通过本项目可以掌握机器视觉物料查找和计数的基本方法。项目评价如表 2-1-4 所示。

表 2-1-4　项目评价

项目	训练内容与分值	训练要求	学生自评	教师评分
物料识别	海康威视 Vision Master 的操作，30 分	1.Vision Master 圆查找； 2.Vision Master 本地图像采集； 3.Vision Master 的基本操作		
	连接相机，10 分	1. 根据现有设备添加相机； 2. 正确设置相机参数		
	存储图像，10 分	1. 存储各类图像到指定位置； 2. 正确设置各类图像参数		
	添加相机光源，10 分	1. 根据现有设备正确添加光源； 2. 能根据项目实际情况调整光源亮度		
	机器视觉个数统计，30 分	1. 正确添加图像源及光源，拍摄照片； 2. 创建各类"特征模板"； 3. 完成各类计数并显示		
	职业素养与创新思维，10 分	1. 积极思考、举一反三； 2. 分组讨论、独立操作； 3. 遵守纪律，遵守实训室管理制度		
	总分			
学生：		教师：	日期：	

记录
笔记

项目二　颜色识别

项目描述

　　实训设备有三种不同颜色的物料，分别为白、黑、银色物料，如图 2-2-1 所示。利用工业视觉系统对三种物料进行区分判断，并把判断结果数据通过 TCP 通信传递给 S5-1200 PLC，PLC 对接收到的数据进行处理后，把三种物料分别放到不同的储存位置。

图 2-2-1　三种不同颜色物料（彩图见文末）

物料拍照位置如图 2-2-2 所示。

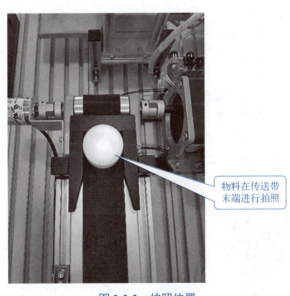

物料在传送带末端进行拍照

图 2-2-2　拍照位置

知识与技能目标

　　（1）掌握色彩的基本知识；

（2）能进行海康威视 Vision Master 识别颜色信息的流程搭建；

（3）能将海康威视 Vision Master 颜色信息成功传送给西门子 1200 PLC；

（4）掌握机器视觉与 PLC 的通信设置方法；

（5）掌握颜色信息在 PLC 中的显示方法。

 素质目标

（1）培养对机器视觉的兴趣，培养关心科技、热爱科学、勇于创新的精神；

（2）培养安全意识、严谨的工作态度和良好的工作习惯；

（3）培养独立思考的学习习惯和团体协作、沟通交流的能力。

 基础知识

知识点一　色彩概述

现在的机器视觉系统软件已经具备了"全彩色"功能，基本实现了从黑白到彩色的进化。基于彩色图像的定位、测量、检测等功能已经广泛应用于各行各业。颜色的信息为图像像素提供了多个测量值，为检测带来了更多的便利。

一、色彩构成

色彩由固有色、光源色、环境色三要素构成。

固有色是物体在太阳光的照射下呈现出的色彩，如叶子是绿的，花是红的，天是蓝的，柠檬是黄的等。光源色是光源照射到白色光滑不透明物体上所呈现出的颜色，如一件白色的衬衣，在红色光源的照射下呈现红色，在蓝色光源的照射下呈现蓝色。环境色是物体所处环境色彩的反映。物体受光源照射时，一般除受主要发光体（或反光体）的照射外，同时还可能受到次要发光体（或反光体）的影响，只是影响比前者弱，次要发光体（主要是反光体）所呈色彩在物体暗面的反映，就是环境色。

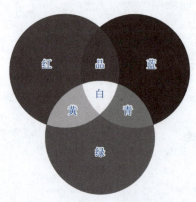

图 2-2-3　三原色（彩图见文末）

二、三原色

三原色由红、黄、蓝三色组成，它们相互独立，任意两种颜色混合会调出不同的颜色，如图 2-2-3 所示，如红＋黄＝橙，黄＋蓝＝绿等。三原色是绘画的基础，只有了解了三原色的性质和特征，才能理解色彩的真正意义。

三、色彩三要素

色彩具有三要素，分别是明度（亮度）、色相和饱和度，如图 2-2-4 所示。

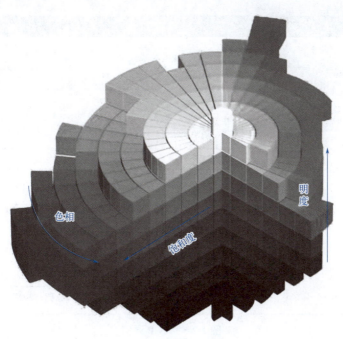

图 2-2-4 色彩三要素（彩图见文末）

明度是指色彩的明暗程度。各种有色物体由于它们反射光线的差别，产生了颜色的明暗感觉。恰到好处地处理物体各部位的明度，可以产生物体的立体感。白色是影响明度的重要因素，当明度不足时，添加白色，反之亦然。

色相是颜色的相貌，代表颜色的种类，是一种色彩区别于另一种色彩的表象特征。用色相能够确切地表示不同颜色的色别的名称，体现着色彩的外向性格。色相只和颜色的波长有关，当某一颜色的明度和纯度发生变化时，虽然颜色发生了视觉变化，但波长未变，色相也就没有改变。色相主要用于表现色彩的冷暖氛围或表达某种情感，例如红色给人感觉热情奔放，蓝色使人安静忧郁，紫色让人感觉代表高贵神秘。

纯度是指色彩的饱和程度，也叫作"鲜艳度"或"纯净度"。自然光中的红、橙、黄、绿、蓝、紫光色是纯度最高的颜色。人眼对不同颜色的纯度感觉不同，红色醒目，纯度感觉最高；绿色尽管纯度高，但人们总是对该色不敏感。黑、白、灰色没有纯度。

知识点二　Vision Master 通信

通信是连通算法平台和外部设备的重要渠道，在算法平台中既支持外部数据的读入，也支持数据的写出，当通信构建起来以后既可以把软件处理结果发送给外界，又可以通过外界发送的字符来触发相机拍照或者软件运行。

一、TCP 通信

单击 ▥ 可以进入通信管理界面，构建相应的通信。在算法平台中，TCP通信既支持作客户端又支持作服务端，但是当需要进行方案切换时需要设置成客户端，以便于外部服务器能够与多个方案建立起连接，如图 2-2-5 所示。

TCP 通信

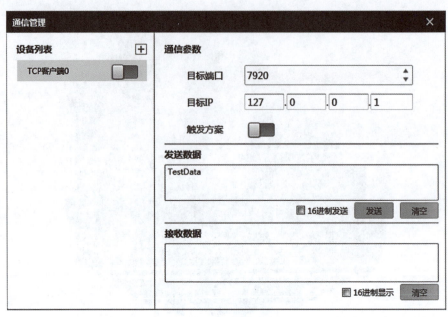

图 2-2-5　TCP 通信

TCP 客户端通信参数如表 2-2-1 所示，根据实际 IP 地址进行通信设置。

表 2-2-1　TCP 客户端通信参数

序号	TCP 客户端	说明
1	目标端口	TCP 服务端的端口号
2	目标 IP	TCP 服务端的 IP 地址，一般和服务端所在机器同步。127.0.0.1 是回送地址，指本地机，一般在测试时使用
3	触发方案	开启后发送字符过来可触发方案
4	自动重连	开启后与服务端断开后会自动重连
5	发送数据	仅供测试使用，可测试通信是否成功建立。勾选 16 进制也只能用于测试，不用于数据发送时的转换
6	接收数据	仅供测试使用，测试通信是否成功建立

当算法平台需要向外界发送数据时，通信建立起来之后的流程中需要用到"发送数据"功能，当外界向算法平台发送数据时，某些功能模块可以直接绑定外部 TRIGGER_STRING 中的数据，也可以先使用"接收数据"进行数据接收。

二、串口通信

串口通信指串口按位（bit）发送和接收字节。尽管比特字节（byte）的串行通信慢，但是串口可以在使用一根线发送数据的同时用另一根线接收数据。串口通信协议是指规定了数据包的内容，内容包含了起始位、主体数据、校验位及停止位，双方需要约定一致的数据包格式才能正常收发数据的有关规范。串口通信前需要确保有串口线的导通，连通后可以在设备管理器里面查看端口号。其他的建立和使用方式与 TCP 通信基本相同，部分设置如图 2-2-6 所示。

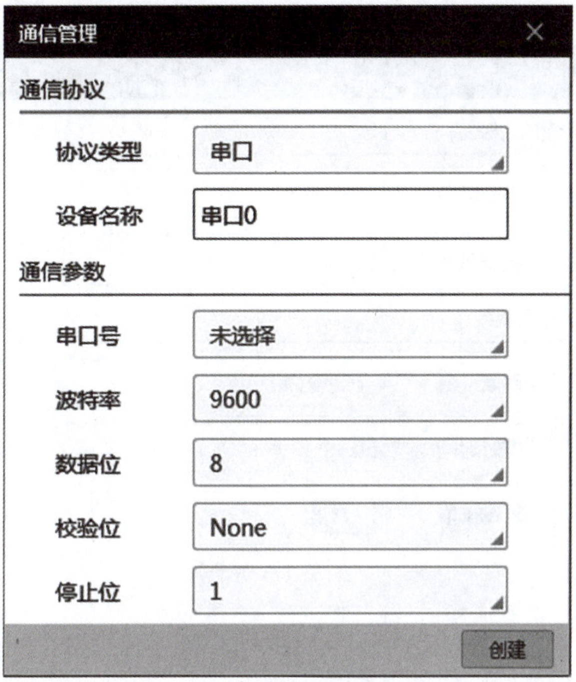

图 2-2-6　串口通信

串口通信参数如表 2-2-2 所示。

表 2-2-2　串口通信参数

序号	串口通信	说明
1	协议类型	串口
2	设备名称	可自定义设备名称
3	串口号	本机的串口号，可在设备管理器中查看
4	波特率	串口异步通信中由于没有时钟信号，所以通信双方需要约定好波特率，即每个码元的长度，以便对信号进行解码。常见的波特率有 4800、9600、115200 等
5	数据位	起始位之后便是传输的主体数据内容了，也称为数据位，其长度一般被约定为 6、7 或 8 位长
6	校验位	校验方法有奇校验（Odd）、偶校验（Even）和无校验（None）
7	停止位	数据包从起始位开始，到停止位结束，双方约定一致即可

三、Modbus 通信

Modbus 协议是一个 master/slave 架构的协议。有一个节点是 master 节点，其他使用

Modbus 协议参与通信的节点是 slave 节点，目前我们的算法平台仅支持作主站。在使用 Modbus 通信前需要在通信管理里面建立起相应的 TCP、串口通信。当通信建立成功后在通信管理里面创建 Modbus 通信，如图 2-2-7 所示。

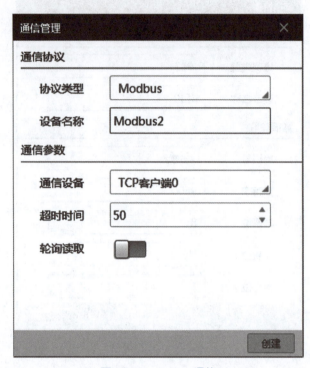

图 2-2-7　Modbus 通信

当 Modbus 通信创建成功后，右键 Modbus 通信可添加通信地址，不同的通信地址可分别执行不同的读写任务，在一个通信设备下可使用多地址配合使用，Modbus 通信建立参数如表 2-2-3 所示。

表 2-2-3　Modbus 通信建立

序号	Modbus 通信建立	说明
1	设备名称	可自定义 Modbus 通信设备名称
2	通信设备	选择之前建立起的相关通信
3	超时时间	数据轮询的超时时间，超过该时间显示运行失败
4	轮询读取	Modbus 从站的轮询读取，开启后接收从站反馈信息

当通信已经完全建立起来后使用"发送数据"进行数据发送。

四、PLC 通信

PLC 通信设置步骤与 Modbus 通信类似，PLC 参数设置如图 2-2-8 所示。

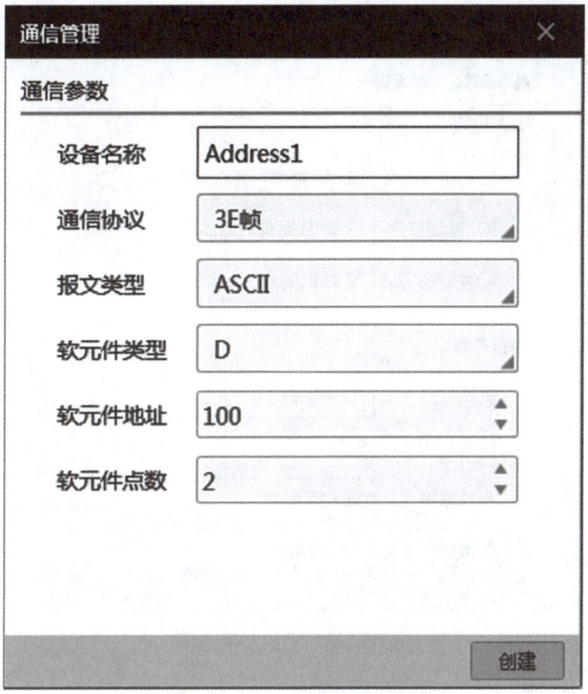

图 2-2-8　PLC 通信参数设置

PLC 通信参数如表 2-2-4 所示。

表 2-2-4　PLC 通信参数

序号	PLC 通信参数		说明
1	设备名称		可自定义通信设备名称
2	通信协议	3E 帧	3E 帧支持二进制和 ASCII 报文类型，通信方式仅支持 TCP 通信
		3C 帧格式	3C 帧格式仅支持 ASCII 报文类型，通信方式仅支持串口
		4C 帧格式	4C 帧格式仅支持二进制报文类型，通信方式仅支持串口
3	报文类型		配合通信协议可选 ASCII 和二进制两种类型
4	软元件类型		有 X、Y、M、D 四种类型
5	软元件地址		设置范围为 [0，2047]
6	软元件点数		设置范围为 [0，64]

五、相机 IO 通信

算法平台 IO 通信是一个将处理信息转换为 IO 信号的过程，分为相机 IO 通信和视觉控制器 IO 通信，不同的设备需要搭配不同的外部 IO 接线。相机 IO 通信分为普通相机 IO 通信和智能相机 IO 通信，一般都使用"相机 IO 通信"配合流程的某个判定结果使用，如图 2-2-9 所示。

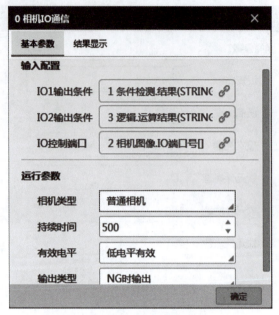

图 2-2-9　相机 IO 通信

　　控制器 IO 通信仅支持建立一个通信连接，通信前需要连接对应的串口，目前支持 VB2000 和 VC4000。在通信前需要在通信管理里面建立相应的 IO 端口，VB2000 对应 COM2、VC4000 对应 COM3。相机 IO 通信参数如表 2-2-5 所示。

表 2-2-5　相机 IO 通信

序号	相机 IO 通信	说明
1	IO 输出条件	当输出条件与输出类型设置的事件一致时对 IO 口输出信号
2	IO 控制端口	需要绑定 "相机图像 .IO 端口号 []"
3	相机类型	有普通相机和智能相机两种，普通相机默认有两个 IO 口，智能相机默认三个
4	持续时间	输出电平的持续时间，单位为 ms
5	输出类型	有 OK 时输出和 NG 时输出两种，事件满足时输出有效电平，默认不输出
6	控制器	控制器型号有 VB2000 和 VC4000 两种型号
7	输出数据	输出数据 VB2000 有四个 IO 口，VC4000 有八个 IO 口。当输出条件与通信管理里面输出类型设置的事件一致时 IO 口输出信号。不同 IO 口只能绑定一个输出类型，但是可以在方案中通过添加逻辑模块控制 IO 事件

 项目实施

颜色识别

（一）颜色识别 Vision Master 流程搭建

　　使用海康威视视觉系统管理软件 Vision Master 进行视觉程序的搭建，如图 2-2-10 所示。

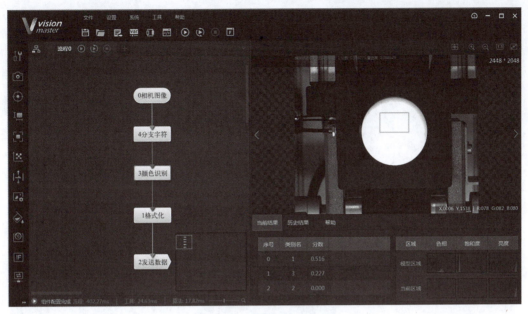

图 2-2-10　颜色识别视觉流程

　　流程搭建的步骤"0 相机图像"可以参考"项目一 物料识别"中的"机器视觉颜色识别"的步骤。如果现场拍摄效果比较好，可以不选用任何光源。

（二）颜色识别 Vision Master 通信的建立

　　在完成颜色识别流程搭建后进行 PLC 通信，通信步骤如下。

　　① 单击通信管理，如图 2-2-11 所示。

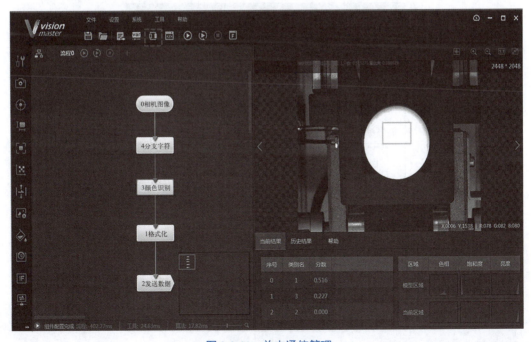

图 2-2-11　单击通信管理

② 单击 "+" 号，新建客户端，如图 2-2-12 所示。

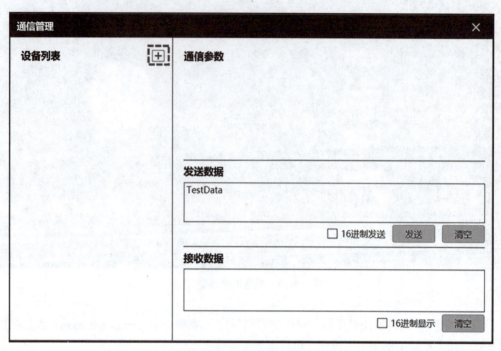

图 2-2-12 新建客户端

③ 设置目标端口和目标 IP，同 PLC 地址和端口号一致，单击"创建"，如图 2-2-13 所示。

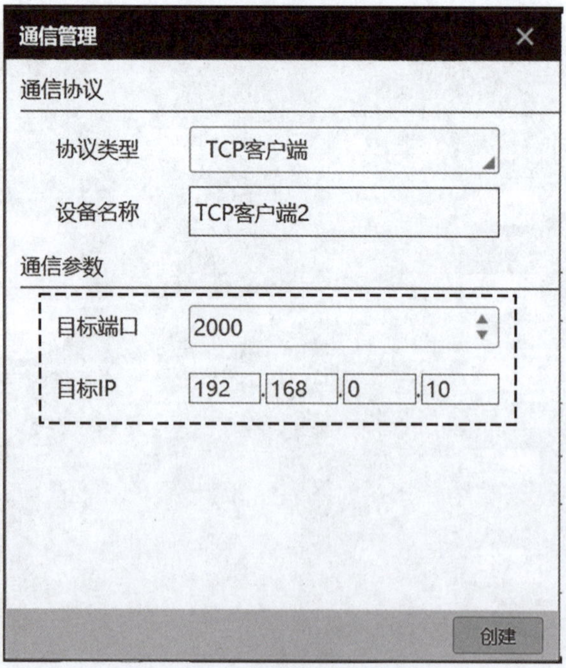

图 2-2-13 设置目标端口和目标 IP

④ 打开触发方案（注：使用软触发，必须打开）；打开 TCP 客户端 2，建立同 PLC 的 TCP 通信，如图 2-2-14 所示（注：只有打开此端口，才能和 PLC 进行数据通信）。

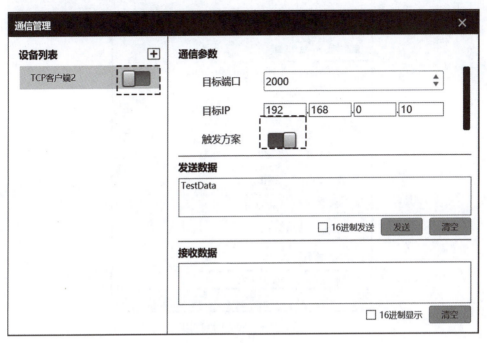

图 2-2-14　触发方案

⑤ 双击程序中的相机图像，弹出图 2-2-15 所示的相机图像设置画面，选择常用参数，选择相机（选择相机镜头，否则不能采集图像），选择像素格式（如果要区分颜色必须设为彩色模式 RGB24，黑白模式 MONO8 则在定位抓取时使用）。

图 2-2-15　相机参数选择

曝光时间，如图 2-2-16 所示。此参数非常重要：设置得过大，如超过 80000μs，则物体过亮容易产生反光；设置得过小，则物体过暗；一般设定为 60000μs 左右，比较合适。

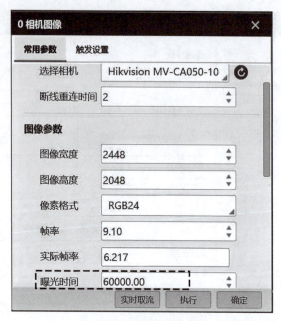

图 2-2-16　曝光时间选择

相机触发方式如图 2-2-17 所示，采用 SOFTWARE 软件触发方式。

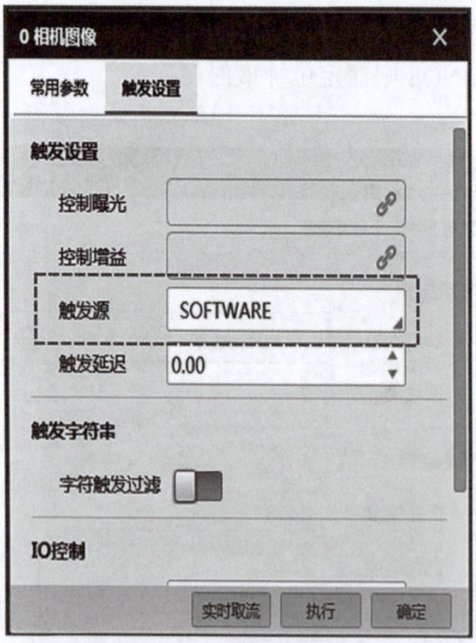

图 2-2-17　相机触发源设置

⑥ 分支字符设置（软触发用），单击输入文本选项→外部通信→ TRIGGER_STRING（触发字符串），在条件输入值中设置触发字符串，例如设为"123"，如图 2-2-18 所示。

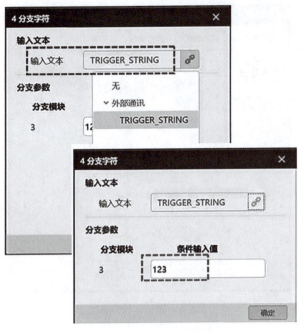

图 2-2-18 分支字符设置

⑦ 按照图 2-2-19 所示进行颜色识别设置。

a. 基本参数。图像输入源设置为：相机图像.图像数据。

图 2-2-19 颜色识别设置

b. 颜色模型。单击"+"，如图 2-2-20 所示。

图 2-2-20　颜色模型

c. 进入模板配置，单击模板配置中的"+"添加图像模板配置，单击"+"，添加标签，如图 2-2-21 所示。

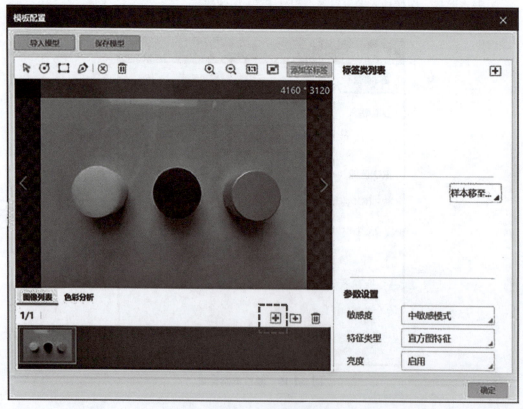

图 2-2-21　模板配置

d. 添加图像模板，如图 2-2-22 所示。

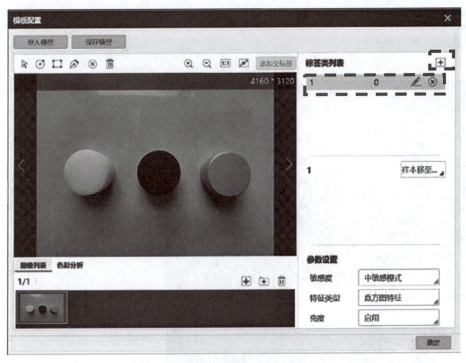

图 2-2-22　添加图像模板标签 1

e. 单击矩形，截取物体图像，添加至标签，则标签 1 中添加了图像模板，如图 2-2-23 所示。

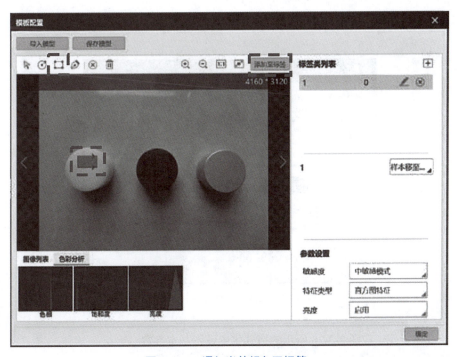

图 2-2-23　添加当前颜色至标签 1

f. 重复上述步骤依次添加标签 2 和标签 3，如图 2-2-24 所示。

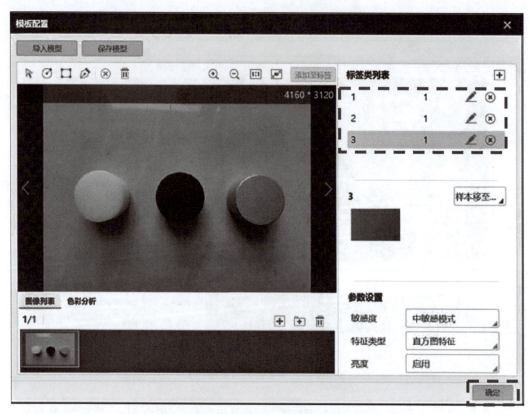

图 2-2-24　添加图像模板标签 2 和标签 3

g. 颜色模型执行结果如图 2-2-25 所示。

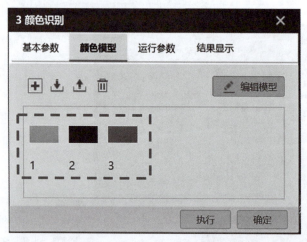

图 2-2-25　颜色模型结果

h. 格式化设置，在图 2-2-26 所示的格式化中设置基本参数。

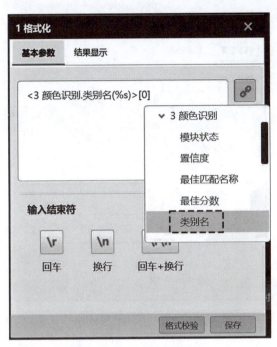

图 2-2-26　格式化参数设置

设置为颜色识别中的"类别名",如图 2-2-27 所示。

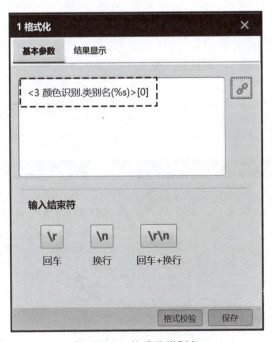

图 2-2-27　格式化类别名

i. 发送数据设置,设置通信设备为 TCP 客户端 2,发送数据选择"格式化 . 格式化结果 []",如图 2-2-28 所示。

2 发送数据
基本参数
结果显示
输出配置
输出至
数据队列
通信设备
全局变量
通信设备
TCP客户端2
输出数据
16进制发送
发送数据
1 格式化.格式化结果[]
确定

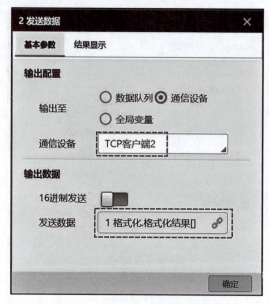

图 2-2-28　发送数据设置

至此，可以识别出零件的三种颜色。

（三）颜色识别 PLC 程序实现

在完成 Vision Master 通信的建立、颜色的识别、识别结果的数据发送等后，即可进行 PLC 端参数的设置和程序的编写，以完成整个项目的流程。

1. PLC 端 TCP 通信设置

① 建立数据存储数据块（注意数据类型），如图 2-2-29 所示。

注：其中“数据接收寄存”用于接收视觉系统发送的字符串数据，1 个字符占用 1 个 Byte；“触发数组”用于给视觉系统发送软触发信号 <拍照信号 123>，Char 为字符型数据，要加单引号‘’。

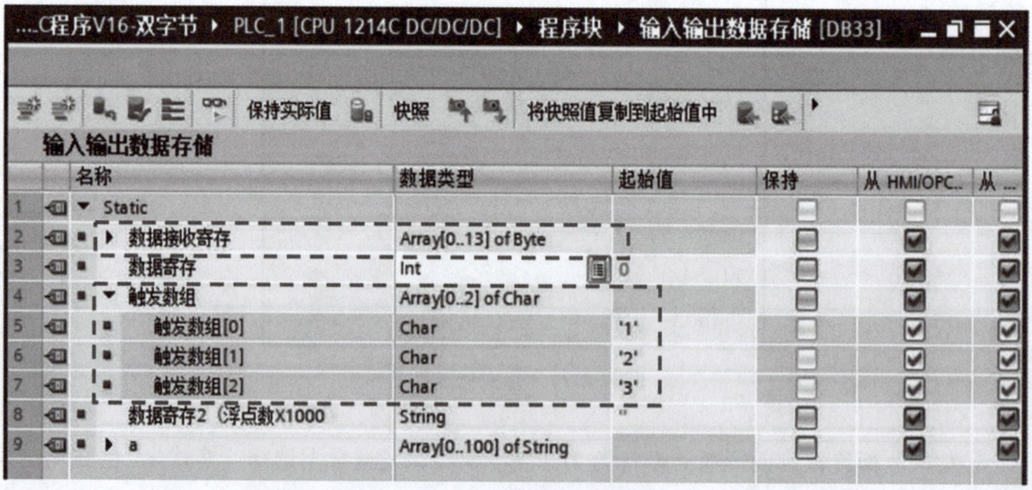

...C程序V16-双字节 ▸ PLC_1 [CPU 1214C DC/DC/DC] ▸ 程序块 ▸ 输入输出数据存储 [DB33]
保持实际值
快照
将快照值复制到起始值中
输入输出数据存储
名称
数据类型
起始值
保持
从 HMI/OPC..
Static
数据接收寄存
Array[0..13] of Byte
数据寄存
Int
0
触发数组
Array[0..2] of Char
触发数组[0]
Char
'1'
触发数组[1]
Char
'2'
触发数组[2]
Char
'3'
数据寄存2 (浮点数X1000
String
a
Array[0..100] of String

图 2-2-29　建立数据存储数据块

② TCP 数据接收指令设置。

a. 右侧指令项中→通信→开放式用户通信→选 TRCV_C（TCP 接收数据指令），如图 2-2-30 所示。

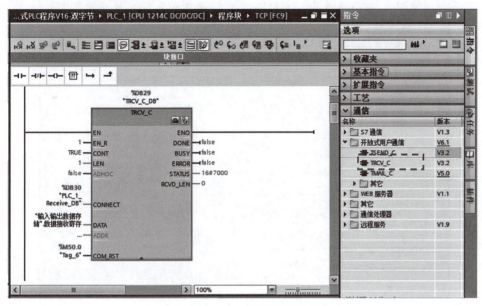

图 2-2-30 TCP 接收数据指令

b. TCP 通信设置：单击组态图标→下方弹出组态窗口，TCP 通信设置如图 2-2-31 所示。

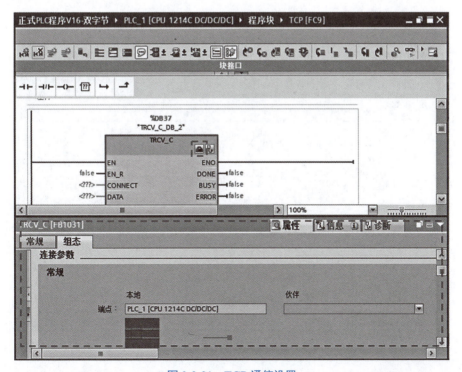

图 2-2-31 TCP 通信设置

c. 单击"伙伴",选择"未指定",组态设置如图 2-2-32 所示。

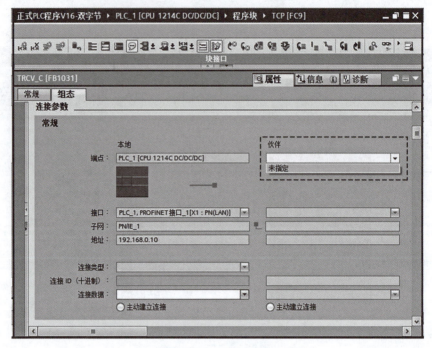

图 2-2-32　组态设置

d. 单击"连接数据",选择"PLC_1_Receive_DB",程序块组态参数设置如图 2-2-33 所示。

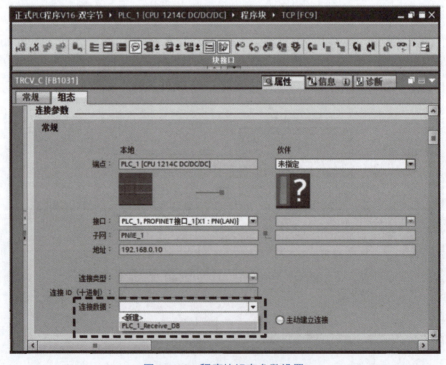

图 2-2-33　程序块组态参数设置

e. "本地端口"设置为 2000；建立起 TCP 通信（注：PLC 端的 IP 地址和端口号要与工业视觉端 TCP 通信设置一致），如图 2-2-34 所示。

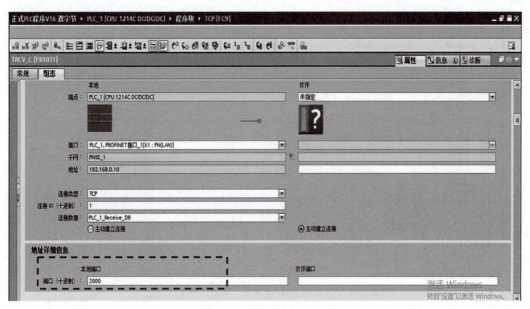

图 2-2-34 "本地端口"设置

f. TRCV_C 数据接收指令设置。LEN 设置接收数据的字符数，设为 1，则接收 1 个字符（1个字符占用 1 个字节）。CONNECT 设置 TCP 通信时自动生成的 DATA——接收的数据所存储的位置。TCP 通信只能传送字符串数据，其他管脚可不设，如图 2-2-35 所示。

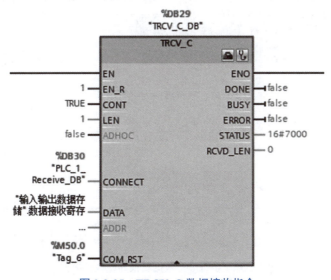

图 2-2-35 TRCV_C 数据接收指令

③ 设置 TCP 数据发送指令 "TSEND_C"。详细步骤可参考上述数据接收指令设置步骤，如图 2-2-36 所示。

注：如果在 DATA 参数中使用具有优化访问权限的发送区，LEN 参数值必须为"0"；"DATA"项为软触发信号数据存储区。

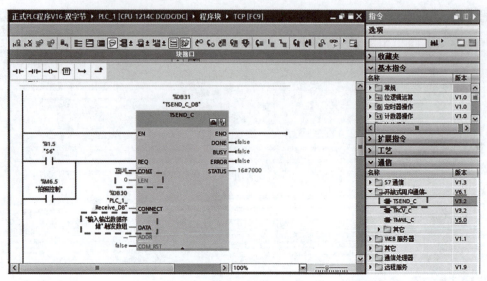

图 2-2-36   TCP 数据发送指令"TSEND_C"设置

④ 将 Chars（字符）转换为字符串。通过"Chars_TO_Strg"指令可以把一串单一的 Chars 字符转换为字符串，如图 2-2-37 所示。

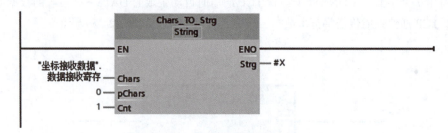

图 2-2-37   字符转换为字符串指令

⑤ 把字符串型数据转换为整数型数据并传递给 PLC，如图 2-2-38 所示。

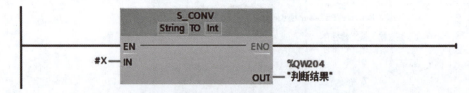

图 2-2-38   字符串型数据转换为整数型数据

⑥ 设置 PLC 和机器人通信信号（PLC 端判断结果信号）。建立起 PLC 和机器人的 PN 通信后，建立机器人交互通信变量表，变量表中建立判断结果信号的变量 QW204（数据类型为 int，占两个字节），如图 2-2-39 所示。

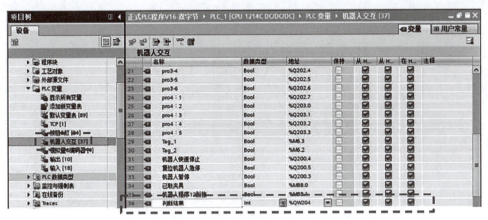

图 2-2-39 PLC 和机器人通信信号设置

至此，完成 PLC 端的 TCP 通信设置。

2. PLC 程序实现

PLC 示例程序如图 2-2-40 所示。

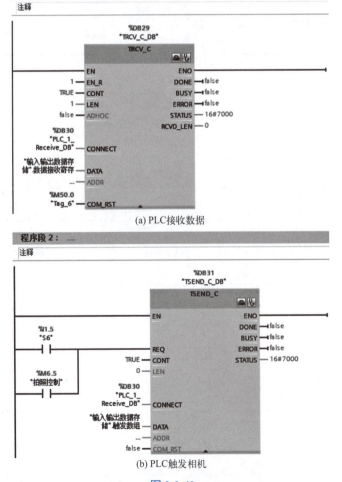

(a) PLC接收数据

(b) PLC触发相机

图 2-2-40

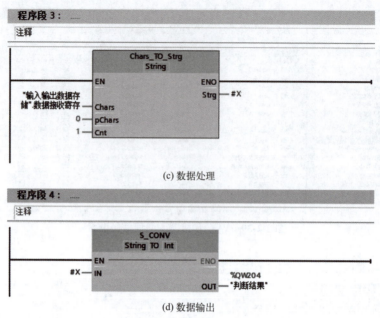

(c) 数据处理

(d) 数据输出

图 2-2-40   PLC 示例程序

至此，完成了机器视觉与 PLC 的通信。

📓 重难点记录

 **项目评价**

本项目在掌握颜色的基本知识的基础上，通过海康威视 Vision Master 完成颜色的识别。在了解几种通信方式的基础上，完成机器视觉与西门子 1200 PLC 的通信。项目评价如表 2-2-6 所示。

表 2-2-6　项目评价

项目	训练内容与分值	训练要求	学生自评	教师评分
颜色识别	色彩的概念，15 分	1. 色彩的构成； 2. 三原色； 3. 色彩三要素		
	Vision Master 通信，20 分	1. TCP 通信； 2. 串口通信； 3. Modbus 通信； 4. PLC 通信； 5. 相机 IO 通信		
	颜色识别 Vision Master 流程搭建，15 分	1. 相机图像设置； 2. 颜色识别设置； 3. 数据发送过程		
	颜色识别 Vision Master 通信的建立，10 分	1. 建立通信管理； 2. 正确设置目标端口和目标 IP		
	机器视觉颜色识别，20 分	1. 正确进行颜色识别设置； 2. 创建各类"颜色模型"； 3. 完成各类颜色识别并显示		
	颜色识别 PLC 程序实现，10 分	1. PLC 端 TCP 通信设置； 2. PLC 程序实现		
	职业素养与创新思维，10 分	1. 积极思考、举一反三； 2. 分组讨论、独立操作； 3. 遵守纪律，遵守实训室管理制度		
	总分			

学生：　　　　　　　　教师：　　　　　　　　日期：

记录
笔记

项目三　字符识别

项目描述

　　现代工业制造对产品质量控制的要求越来越高，其中对产品表面字符的准确识别和检测已成为关键环节之一。在产品生产过程中，产品表面的字符通常包含产品型号、批次、生产日期、序列号等关键信息，是产品可追溯、质量监控、防伪标识的重要依据。其中字符识别工具用于读取标签上的字符文本，可用此功能进行字符检测。本项目要求识别图 2-3-1 所示的"机器视觉"字符并显示。

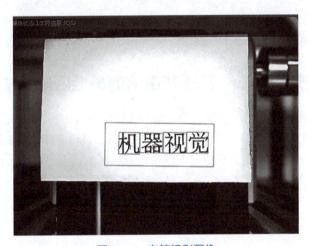

图 2-3-1　字符识别图像

知识与技能目标

　　（1）掌握模板匹配的基本概念；
　　（2）能进行海康威视 Vision Master 字符识别流程搭建；
　　（3）掌握字符识别的方法；
　　（4）能在海康威视 Vision Master 主窗口进行相应的字符显示。

素质目标

　　（1）培养对机器视觉的兴趣，培养关心科技、热爱科学、勇于创新的精神；
　　（2）培养安全意识、严谨的工作态度和良好的工作习惯；
　　（3）培养独立思考的学习习惯和团体协作、沟通交流的能力。

 基础知识

知识点一　模板匹配的基本概念

在机器识别事物的过程中，常常需要把不同传感器或同一传感器在不同时间、不同成像条件下对同一景象获取的两幅或多幅图像在空间上对准，或根据已知模式到另一幅图像中寻找相应的模式，这就叫匹配。在遥感图像处理中，需要把不同波段传感器对同一景物的多光谱图像按照像点对应套准，然后根据像点的性质进行分类。如果利用在不同时间对同一地面拍摄的两幅照片，经套准后找到其中特征有了变化的像点，就可以用来分析图中哪些部分发生了变化；而利用放在一定间距处的两只传感器对同一物体拍摄得到两幅图像，找出对应点后可计算出物体离开摄像机的距离，即深度信息。

一般的图像匹配技术是利用已知的模板和某种算法对识别图像进行匹配计算，判断图像中是否含有该模板的信息和坐标。

模板匹配算法可以分为：基于灰度值的模板匹配算法和基于形状的模板匹配算法。

知识点二　基于灰度值的模板匹配算法

模板匹配是指用一个较小的图像，即模板与源图像进行比较，以确定在源图像中是否存在与该模板相同或相似的区域，若该区域存在，还可确定其位置并提取该区域。

模板匹配常用的一种测度为模板与源图像对应区域的误差平方和。设 $f(x,y)$ 为 $M \times N$ 的源图像，$t(j,k)$ 为 $J \times K$（$J \leq M$，$K \leq N$）的模板图像，则误差平方和测度定义为：

$$D(x,y) = \sum_{j=0}^{J-1} \sum_{k=0}^{K-1} [f(x+j,y+k) - t(j,k)]^2$$

由上式展开可得：

$$D(x,y) = \sum_{j=0}^{J-1} \sum_{k=0}^{K-1} [f(x+j,y+k)]^2 - 2 \sum_{j}^{J-1} \sum_{k}^{K-1} t(j,k) \cdot f(x+j,y+k) + \sum_{j=0}^{J-1} \sum_{k=0}^{K-1} [t(j,k)]^2$$

令

$$DS(x,y) = \sum_{j=0}^{J-1} \sum_{k=0}^{K-1} [f(x+j,y+k)]^2$$

$$DST(x,y) = 2 \sum_{j=0}^{J-1} \sum_{k=0}^{K-1} [t(j,k) \cdot f(x+j,y+k)]$$

$$DT(x,y) = \sum_{j=0}^{J-1} \sum_{k=0}^{K-1} [t(j,k)]^2$$

$DS(x,y)$ 称为源图像中与模板对应区域的能量，它与像素位置 (x,y) 有关，但随像素位置 (x,y) 的变化，$DS(x,y)$ 变化缓慢。$DST(x,y)$ 模板与源图像的对应区域互相关，它随像素位置 (x,y) 的变化而变化，当模板 $t(j,k)$ 和源图像中对应区域相匹配时取最大值。$DT(x,y)$ 称为模板的能量，它与图像像素位置 (x,y) 无关，只用一次计算便可。显然，计算误差平方和测度可以减少计算量。

基于上述分析，若设 $DS(x,y)$ 也为常数，则用 $DST(x,y)$ 便可进行图像匹配，当 $DST(x,y)$ 取最大值时，便可认为模板与图像是匹配的。但假设 $DS(x,y)$ 为常数会产生误差，严重时将无法精确匹配，因此可用归一化互相关作为误差平方和测度，其定义为：

$$R(x,y) = \frac{\sum_{j=0}^{J-1}\sum_{k=0}^{K-1}t(j,k)\cdot f(x+j,y+k)}{\sqrt{\sum_{j=0}^{J-1}\sum_{k=0}^{K-1}[f(x+j,y+k)]}\cdot\sqrt{\sum_{j=0}^{J-1}\sum_{k=0}^{K-1}[t(j,k)]^2}}$$

假设源图像 $f(x,y)$ 和模板图像 $t(k,l)$ 的原点都在左上角。对任何一个 $f(x,y)$ 中的 (x,y)，根据上式都可以算一个 $R(x,y)$。当 x 和 y 变化时，$t(j,k)$ 在源图像区域中移动并得出 $R(x,y)$ 所有值。$R(x,y)$ 的最大值指出了与 $t(j,k)$ 匹配的最佳位置，若从该位置开始在源图像中取出与模板大小相同的一个区域，便可得到匹配图像。

知识点三　基于形状的模板匹配算法

该算法的相似度量考虑的是模板内像素的梯度向量，并通过计算梯度向量的内积总和最小值确定最佳匹配位置，稳定性和可靠性都比较优越。

当图像中存在遮挡的情况时，遮挡部分像素点的梯度向量的模非常小，它与模板相应位置梯度向量的内积也是一个非常小的值，几乎不影响总和；当图像中存在混乱的情况时，混乱部分对应的模板相应位置梯度向量的模非常小，它们的内积仍然不影响总和。然而，公式提供的相似度量仍不能真正地满足光照变化的情况。这是因为梯度向量的模取决于图像的亮度：当图像较亮时，梯度向量的模较大；当图像较暗时，梯度向量的模较小。

 项目实施

本项目以文字识别为例，先建立文字模型，再将识别结果输出。Vision Master 流程搭建如下。

① 添加"光源"及"图像源"，如图 2-3-2 所示。

图 2-3-2　添加"光源"及"图像源"

② 设置图像源，如图 2-3-3 所示。

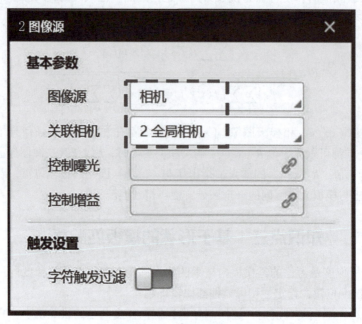

图 2-3-3　设置图像源

③ 在定位选项中，添加"快速特征匹配"，如图 2-3-4 所示。

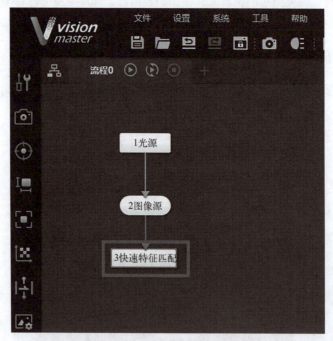

图 2-3-4　添加"快速特征匹配"

④ 设置快速特征匹配，ROI 区域选择全图，如图 2-3-5 所示。

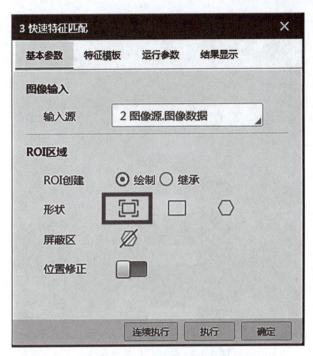

图 2-3-5 设置快速特征匹配

⑤ 以图像中的"机"字建立模板，如图 2-3-6 所示。

图 2-3-6 以图像中的"机"字建立模板

⑥ 在定位选项中，添加"位置修正"，如图 2-3-7 所示。

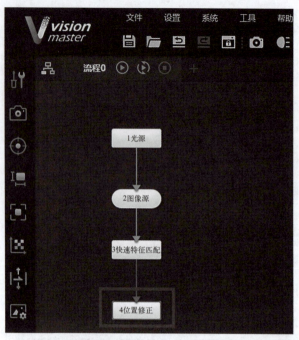

图 2-3-7　添加"位置修正"

⑦ 双击"位置修正"，弹出设置菜单→单击执行→单击创建基准，建立位置修正，如图 2-3-8 所示。

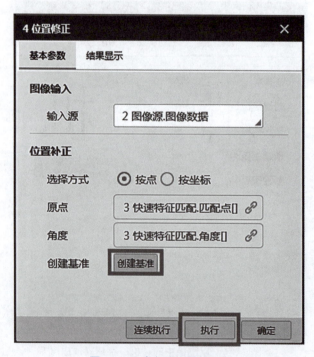

图 2-3-8　建立"位置修正"

⑧ 在识别选项中，添加"字符识别"，如图 2-3-9 所示。

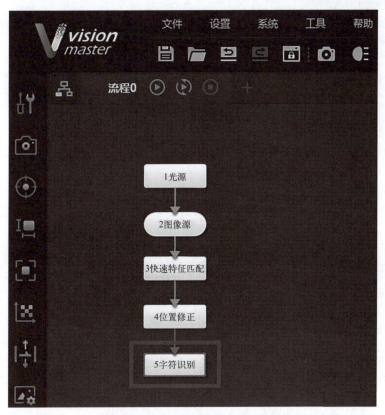

图 2-3-9　添加"字符识别"

⑨ 双击"字符识别",弹出设置菜单,选取 ROI 区域,如图 2-3-10 所示。

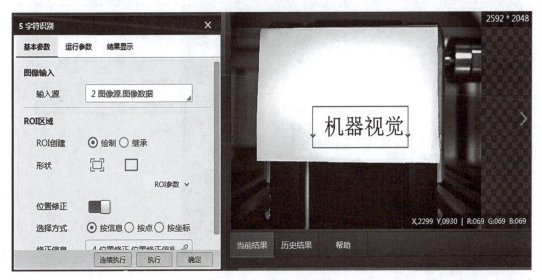

图 2-3-10　选取 ROI 区域

⑩ 在运行参数项中,单击"字库训练",如图 2-3-11 所示。

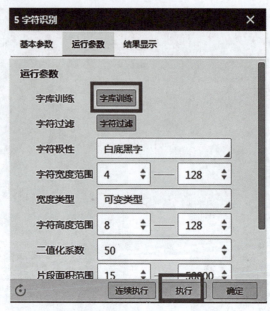

图 2-3-11 "字库训练"参数设置

⑪ 单击选框选取"机"字,设置字符极性、宽度、高度等参数,再单击提取字符,如图 2-3-12 所示。

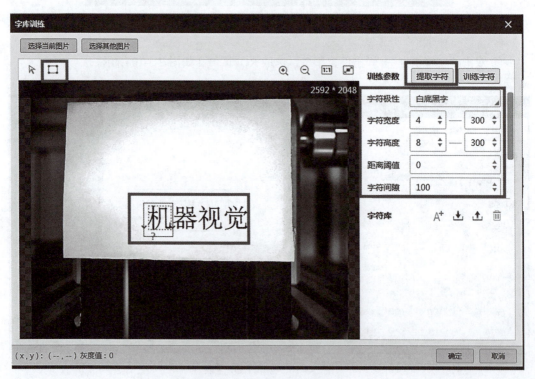

图 2-3-12 提取字符"机"

⑫ 单击"训练字符",弹出设置菜单,在"?"中设置对应字符,如图 2-3-13 所示。

图 2-3-13　"训练字符"设置菜单

例如，将对应字符设为"J"，再单击"添加至字符库"，则在字符库中添加了"机"字（对应字符 J），如图 2-3-14 所示。

图 2-3-14　添加"训练字符"

⑬ 字库训练成功，如图 2-3-15 所示。

图 2-3-15 字库训练成功

⑭ 同样步骤依次添加"器、视、觉"三个字到字符库，分别对应字符"Q、S、J"。

⑮ 单击单次执行，则显示识别结果如图 2-3-16 所示。

图 2-3-16 单次识别

⑯ 变换图册位置，则检测位置自动修正，并显示识别结果。利用此功能可检测工件上的字符是否完整，如图2-3-17所示。

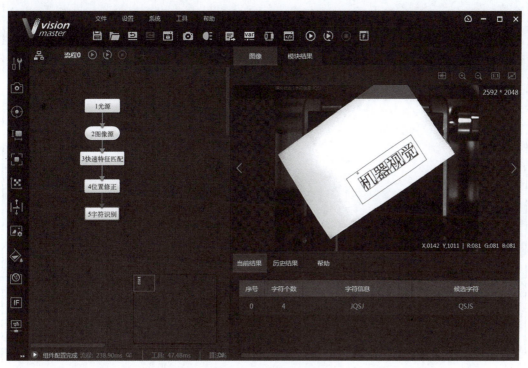

图 2-3-17　识别结果

⑰ "机器视觉" 四个字识别成功。

重难点记录

 项目评价

字符识别和检测技术，特别是深度学习算法的发展，赋予了机器视觉更强大的数据处理和模式理解能力，使得识别复杂、模糊、变形的表面字符成为可能。在产品表面字符识别中，机器视觉系统通过摄像头获取图像，智能识别检测算法负责对图像进行深入分析，自动识别和理解字符信息。两者深度融合，形成从图像采集、预处理、特征提取到识别决策的完整流程，可实现产品表面字符的快速、准确、自动检测。项目评价如表 2-3-1 所示。

表 2-3-1　项目评价

项目	训练内容与分值	训练要求	学生自评	教师评分
字符识别	模板匹配基础知识，20 分	1. 模板匹配的基本概念； 2. 基于灰度值的模板匹配算法； 3. 基于形状的模板匹配算法		
	字符识别 Vision Master 流程搭建，30 分	1. 相机图像设置； 2. 字符识别设置； 3. 字符在主屏显示		
	字符识别 Vision Master 通信的建立，20 分（参考"颜色识别"）	1. 建立通信管理； 2. 正确设置目标端口和目标 IP		
	字符识别 PLC 程序实现，20 分（参考"颜色识别"）	1. PLC 端 TCP 通信设置； 2. PLC 程序实现		
	职业素养与创新思维，10 分	1. 积极思考、举一反三； 2. 分组讨论、独立操作； 3. 遵守纪律，遵守实训室管理制度		
总分				

学生：　　　　　　　教师：　　　　　　　日期：

项目四　机器视觉测量

 项目描述

　　机器视觉测量指的是使用计算机视觉技术进行测量和检测的过程。它结合了机器视觉和测量学的原理和方法，通过数字图像处理和分析，实现对物体尺寸、形状、位置等信息进行精确测量。机器视觉测量广泛应用于工业生产、质量检测、医疗影像、自动导航等领域。它可以取代传统的人工测量方法，提高测量的精确度和效率。

　　本项目边缘检测是利用测量区域内的颜色变化，对测量对象的位置进行检测。分割测量区域的方式与常规边缘位置测量方式相比，可计算出距测量起始点最近的点、最远的点等详细信息；还可以计算出测量对象的斜率和凹凸程度。

 知识与技能目标

　　（1）掌握零件测量的基本原理；
　　（2）能完成零件测量的流程搭建；
　　（3）能完成海康威视 Vision Master 测量结果显示。示例图像如图 2-4-1 所示。

图 2-4-1　长度测量示例

 素质目标

　　（1）培养对机器视觉的兴趣，培养关心科技、热爱科学、勇于创新的精神；
　　（2）培养安全意识、严谨的工作态度和良好的工作习惯；
　　（3）培养独立思考的学习习惯和团体协作、沟通交流的能力。

 **基础知识**

知识点一　线圆测量和线线测量

（一）线圆测量

线圆测量模块返回的是被测物图像中的直线和圆的垂直距离和相交点坐标。首先需要在被测物图像中找到直线和圆，即需要用到定位中的直线查找和圆查找模块，如图 2-4-2 所示。

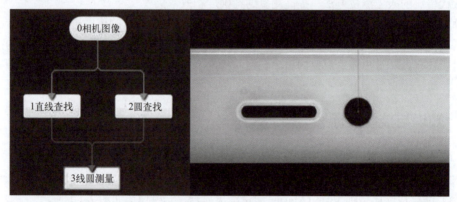

图 2-4-2　线圆测量

线圆测量步骤如表 2-4-1 所示。

表 2-4-1　线圆测量的步骤

序号	线圆测量	说明		
1	方案搭建	在操作区选择图像源，将直线查找、圆查找和线圆测量的算法模块拖入操作区，使用操作线将几个模块依次连接起来，单击运行即可完成方案搭建		
2	直线和圆的输入	分别找到目标圆和直线后返回，单击输入配置，然后配置给此工具输入圆和输入直线即可	按线 / 按圆	输入源选择直线查找和圆查找的结果
			按点	自定义或者绑定直线的起点、终点、角度
			按坐标	自定义或者绑定直线的起点与终点 X/Y 坐标
			按参数	自定义或者绑定圆心的坐标以及半径长度
3	输出结果	线圆连线与水平线夹角、垂直距离、线圆交点坐标、圆心投影坐标		

（二）线线测量

两条直线一般不会绝对地平行，所以线线测量距离按照线段四个端点到另一条直线的距离取平均值计算。线线测量分为距离和绝对距离，距离的正反可以表示两条直线的相对位置关系，第一条直线只可以在第二条的左右／上下；在左边／上边则是正，在右边／下边是负，如图 2-4-3 所示。此处对输入方式及输出结果进行说明。

图 2-4-3 线线测量

线线测量的参数及结果如表 2-4-2 所示。

表 2-4-2 线线测量的参数及结果

序号	线线测量	说明
1	按线	输入源是直线查找的结果
2	按点	自定义或者绑定直线的起点、终点、角度
3	按坐标	自定义或者绑定直线的起点与终点 X/Y 坐标
4	夹角	两条直线的角度差值
5	距离	有两个直线段，共四个点，每个点到另一条直线的距离的"均值"即为距离
6	绝对距离	距离的绝对值
7	交点 X/Y	两条直线延长线的交点 X 坐标和 Y 坐标

圆圆、点圆、点线、点点测量，根据不同输入需求配置相应工具里面的输出结果即可，具体方案不再赘述。

知识点二 圆拟合与直线拟合

圆拟合，基于三个及以上的已知点拟合成圆，如图 2-4-4 所示，先检测顶点形成点集后拟合成圆。

圆拟合基本参数如表 2-4-3 所示。

表 2-4-3　圆拟合基本参数

序号	圆拟合基本参数和运行参数	说明
1	图像输入	通常是选择采集到的图像
2	拟合点	选择流程中采集到的点集作为拟合来源
3	剔除点数	误差过大被排除而不参与拟合的最小点数量。一般情况下，离群点越多，该值应设置越大，为获取更佳的查找效果，建议与剔除距离结合使用
4	剔除距离	允许离群点到拟合圆的最大像素距离，值越小，排除点越多。初始化类型有全局法和穷举局部法两种
5	权重函数	有最小二乘、huber 和 tukey 三种。三种拟合方式只是权重的计算方式有些差异。随着离群点数量增多以及离群距离增大，可逐次使用最小二乘、huber、tukey
6	最大迭代次数	拟合算法最大执行次数

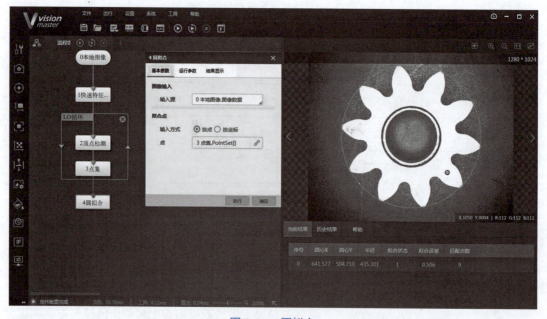

图 2-4-4　圆拟合

直线拟合最少需要两个拟合点，与圆拟合原理类似不再赘述，具体参数参照上述圆拟合，此处仅做演示说明。如图 2-4-5 所示，以圆为模板进行特征匹配，利用匹配点再拟合成直线。

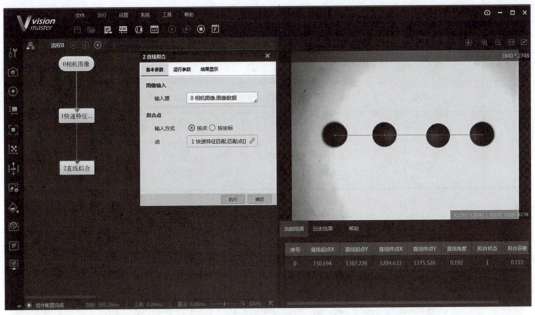

图 2-4-5　直线拟合

知识点三　亮度测量

亮度测量模块测得的是被测物图像 ROI 内所有像素点的灰度均值和灰度标准差。先在操作区内选择图像源，将亮度测量算法模块拖入操作区，使用操作线将模块依次连接起来。使用 ROI 工具选择大致区域缩小查找范围，完成后单击运行，即可看到检测结果，可以清晰地看到各个灰度值下像素点的分布，如图 2-4-6 所示。

图 2-4-6　亮度测量

亮度输出结果如表 2-4-4 所示。

表 2-4-4　亮度输出结果

序号	亮度测量输出结果	说明
1	最小最大值	灰度值的最小最大值
2	均值	灰度值的平均值
3	标准差	标准差是方差的算术平方根。标准差能反映一个数据集的离散程度
4	对比度	对比度是一个相对值。就一幅图像而言，它反映了图像上最亮处与最黑处的比值

知识点四　像素统计

统计 ROI 设定区域内满足高低阈值灰度设置的像素点个数，如图 2-4-7 所示。

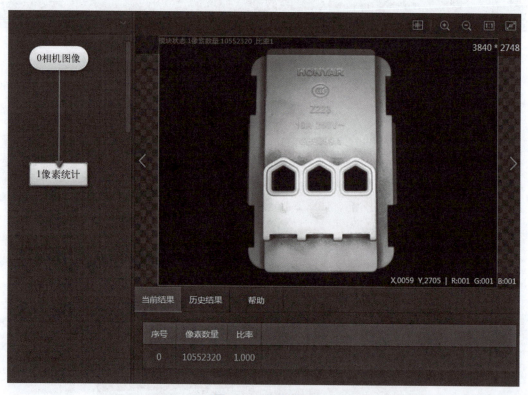

图 2-4-7　像素统计

像素统计的参数及结果如表 2-4-5 所示。

表 2-4-5　像素统计的参数及结果

序号	像素统计的参数及结果	说明
1	低阈值	需统计区域中的像素灰度值需大于此值

续表

序号	像素统计的参数及结果	说明
2	高阈值	统计区域中的像素灰度值需小于此值
3	比率	高低阈值范围内像素点所占比率

如果低阈值大于高阈值，像素值取满足 [0，高阈值] 以及 [低阈值，255] 的点；如果低阈值小于高阈值，取满足 [低阈值，高阈值] 的点。

知识点五　直方图工具

设置一个目标区域，统计目标区域中的像素个数、灰度值均值、最小值、最大值、峰值、标准差、像素数量和对比度。还能生成灰度直方图，可以清晰地看到各个灰度值下的像素点分布状态，如图 2-4-8 所示。

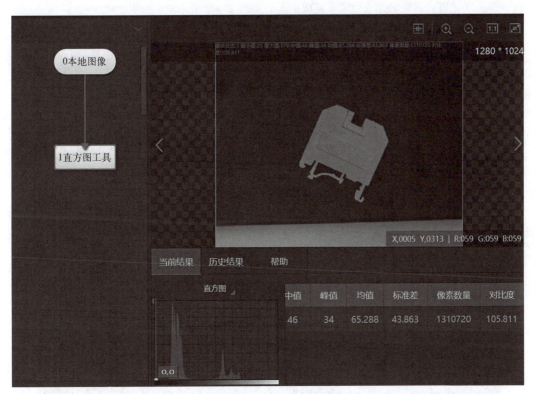

图 2-4-8　直方图工具

直方图工具结果如表 2-4-6 所示。

表 2-4-6　直方图工具结果

序号	直方图工具结果	说明
1	最大 / 小值	灰度的最大、最小值

续表

序号	直方图工具结果	说明
2	中值、峰值、均值	图像灰度的中值、峰值、均值
3	标准差	标准差是方差的算术平方根。标准差能反映一个数据集的离散程度
4	像素数量	统计图像中的像素总数
5	对比度	对比度是一个相对值。就一幅图像而言，它反映了图像上最亮处与最黑处的比值

项目实施

本项目以"线线测量"为例进行 Vision Master 流程的搭建，步骤如下。

① 添加"图像源"及"光源"，完成拍照，如图 2-4-9 所示。

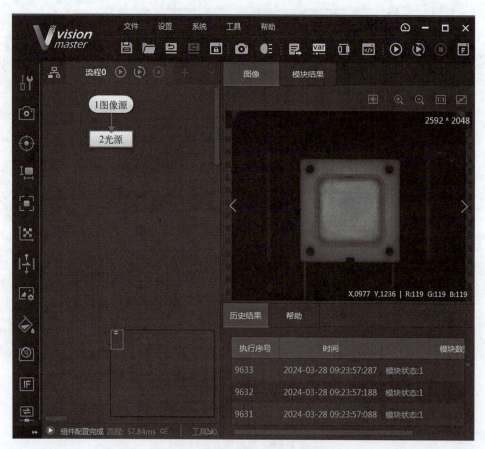

图 2-4-9　添加"图像源"及"光源"

② 在"定位"选项中找到"直线查找"，查找对象的直线边，如图 2-4-10 所示。

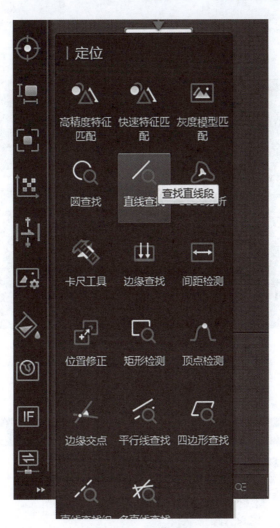

图 2-4-10　直线查找

③ 在流程中添加"直线查找"，如图 2-4-11 所示。

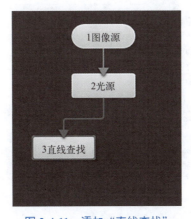

图 2-4-11　添加"直线查找"

④ 双击"直线查找"，弹出参数设置窗口，创建 ROI 区域，并"直线查找"出左边框，如图 2-4-12 所示。

图 2-4-12　创建 ROI 区域

⑤ 设置运行参数，如图 2-4-13 所示。

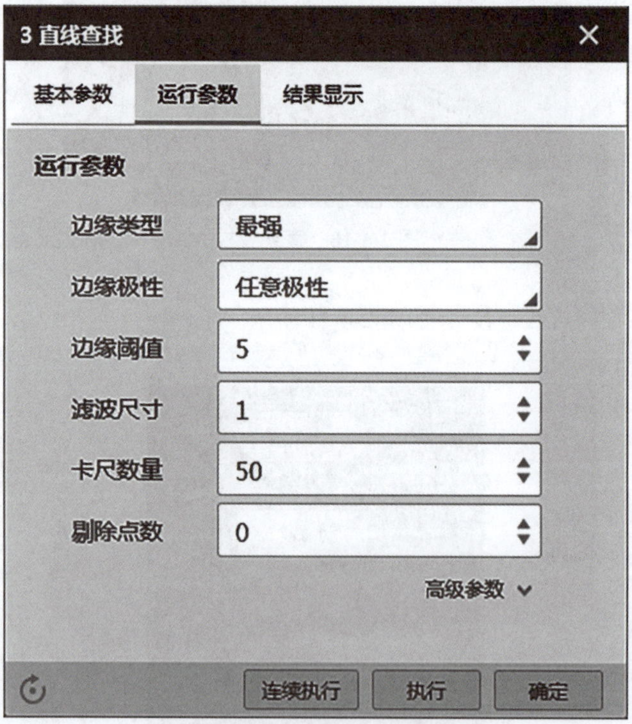

3 直线查找　　　　　　　　　　　　　✕

基本参数　　运行参数　　结果显示

运行参数

边缘类型　　最强

边缘极性　　任意极性

边缘阈值　　5

滤波尺寸　　1

卡尺数量　　50

剔除点数　　0

高级参数 ⌄

连续执行　　执行　　确定

图 2-4-13　设置运行参数

⑥ 重复添加"直线查找"的步骤，如图 2-4-14 所示。

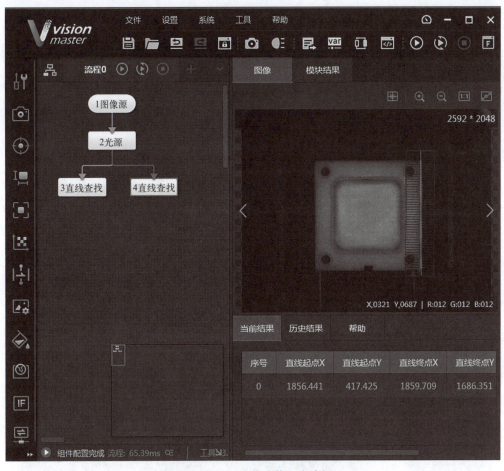

图 2-4-14　"直线查找"右边框

⑦ 添加"测量"选项中的"线线测量",如图 2-4-15 所示。

图 2-4-15　线线测量

⑧ 在流程中添加"线线测量",双击后,设置参数如图 2-4-16 所示。

图 2-4-16 "线线测量"结果显示参数设置

⑨ 单击"执行",显示检测结果如图 2-4-17 所示。

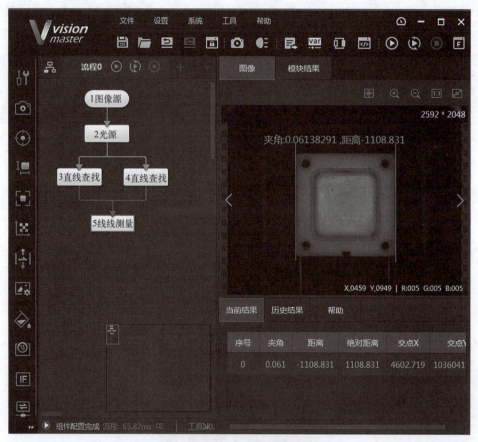

图 2-4-17 检测结果

至此,检测出零件的长度等信息。

 项目评价

本项目主要介绍机器视觉测量，主要对物体尺寸、形状、位置等信息进行精确测量。机器视觉可以高速度、高效率地完成大批量的测量工作，同时无须人力干预，大大提高了工作效率和准确性。机器视觉的测量过程可以在无接触的情况下完成，不会对测量对象造成任何影响，很好地保护了测量对象的完整性。此外，机器视觉可以实现三维测量，可以获取更加精准的数据。项目评价如表 2-4-7 所示。

表 2-4-7　项目评价

项目	训练内容与分值	训练要求	学生自评	教师评分
机器视觉测量	机器视觉测量基础，30 分	1. 线圆测量和线线测量； 2. 圆拟合与直线拟合； 3. 亮度测量； 4. 像素统计； 5. 直方图工具		
	"线线测量"流程搭建，20 分	1. 添加"图像源"及"光源"，完成拍照； 2. "直线查找"的设置； 3. 完成"线线测量"		
	测量 Vision Master 通信的建立，20 分（参考"颜色识别"）	1. 建立通信管理； 2. 正确设置目标端口和目标 IP		
	测量 PLC 程序实现，20 分（参考"颜色识别"）	1. PLC 端 TCP 通信设置； 2. PLC 程序实现		
	职业素养与创新思维，10 分	1. 积极思考、举一反三； 2. 分组讨论、独立操作； 3. 遵守纪律，遵守实训室管理制度		
	总分			

学生：　　　　　　　　　教师：　　　　　　　　　日期：

记录
笔记

项目五　条形码识别

条形码识别

 项目描述

　　本项目主要进行条形码识别和二维码的识别。条形码识别技术是指利用光电转换设备对条形码进行识别的技术。条形码是一组由宽条、窄条和空白排列而成的序列，这个序列可表示一定的数字和字母代码。条形码可印刷在纸面和其他物品上，因此可方便地供光电转换设备再现这些数字、字母信息，从而供计算机读取。条形码技术主要由扫描阅读、光电转换和译码输出到计算机三大部分组成。在邮政业务中，条形码识别技术已用于信函分拣、挂号函件处理、特快专递自动跟踪、包裹处理等工作上。

　　二维条形码/二维码是用某种特定的几何图形按一定规律在平面（二维方向上）分布的、黑白相间的、记录数据符号信息的图形；在代码编制上巧妙地利用构成计算机内部逻辑基础的"0""1"比特流的概念，使用若干个与二进制相对应的几何形体来表示文字数值信息，通过图像输入设备或光电扫描设备自动识读以实现信息自动处理；它具有条形码技术的一些共性：每种码制有其特定的字符集；每个字符占有一定的宽度；具有一定的校验功能等。同时还可对不同行的信息进行自动识别及处理图形旋转变化点。

知识与技能目标

　　（1）掌握海康威视 Vision Master 识别条形码的流程搭建；
　　（2）能将海康威视 Vision Master 识别条形码的结果在主界面进行显示。条形码识别示例图像如图 2-5-1 所示。

图 2-5-1　条形码识别示例

 素质目标

　　（1）培养对机器视觉的兴趣，培养关心科技、热爱科学、勇于创新的精神；

（2）培养安全意识、严谨的工作态度和良好的工作习惯；

（3）培养独立思考的学习习惯和团体协作、沟通交流的能力。

 基础知识

知识点一 二维码识别

在 Vision Master 左侧下拉菜单中选择识别工具，目前支持二维码识别、条码识别、字符识别，如图 2-5-2 所示。

图 2-5-2 识别

二维码又称二维条形码，常见的二维码为 QR Code，QR 全称 Quick Response，是一种编码方式。

二维码识别工具用于识别目标图像中的二维码，将读取的二维码信息以字符的形式输出。一次可以高效准确地识别多个二维码，支持 QR 码和 DataMatrix 码等，如图 2-5-3 所示。

图 2-5-3 二维码识别

二维码识别参数如表 2-5-1 所示。

表 2-5-1 二维码识别参数

序号	二维码识别参数	说明
1	QR 码、DataMatrix 码	开启后可以识别该类型的码，当不确定码类型时建议都打开

续表

序号	二维码识别参数	说明
2	二维码个数	期望查找并输出的二维码最大数量，若实际查找到的个数小于该参数，则输出实际数量的二维码。有时场景中的二维码个数不定，若要识别所有出现的二维码，则该配置参数以场景中二维码个数最大值作为配置。在部分应用中，背景纹理较复杂，当前参数可以适当大于要识别的二维码个数，但会牺牲一些效率
3	极性	有任意、白底黑码和黑底白码三种形式，可以根据自己要识别的码的极性进行选择
4	边缘类型	有连续型、离散型和兼容模式三种类型
5	降采样倍数	图像降采样系数，数值越大，算法效率越高，但二维码的识别率降低
6	码宽范围	二维码所占的像素宽度，码宽范围包含最大最小码的像素宽度
7	镜像模式	镜像模式启用开关，指的是图像 X 方向镜像，包括"镜像"和"非镜像"模式。当采集图像是从反射的镜子中等情况下采集到的图像时，该参数开启，否则不开启
8	QR 畸变	当要识别的二维码打印在瓶体上或者类似物流的软包上有褶皱时需要开启该参数
9	超时退出时间	算法运行时间超出该值，则直接退出，单位为 ms。设置为 0 时，超时退出时间就会关闭，算法运行时间以实际所需为准
10	应用模式	正常场景下采用普通模式，专家模式预留给较难识别的二维码，当应用场景简单、单码、码清晰、静区大且干净时，则根据需要可以采用极速模式
11	DM 码类型	有正方形、长方形、兼容模式三种类型

知识点二 条形码识别

条形码识别（图中为条码识别）工具用于定位和识别指定区域内的条形码，容忍目标条形码以任意角度旋转以及具有一定角度的倾斜，支持 CODE39 码、CODE128 码、库得巴码、EAN 码、交替 25 码以及 CODE93 码，具体步骤如图 2-5-4 所示。

图 2-5-4 条码识别

条码识别参数，如表 2-5-2 所示。

表 2-5-2　条码识别参数

序号	条码识别参数	说明
1	码类型开关按钮	支持 CODE39 码、CODE128 码、库得巴码、EAN 码、交替 25 码以及 CODE93 码，根据条码类型开启相应按钮
2	条码个数	期望查找并输出的条码的最大数量，若实际查找到的个数小于该参数，则输出实际数量的条码
3	降采样系数	降采样系数：降采样也叫下采样，即采样点数减少。对于一幅 $N \times M$ 的图像来说，如果降采样系数为 k，即在原图中每行每列每隔 k 个点取一个点组成一幅图像。因此下采样系数越大，轮廓点越稀疏，轮廓越不精细，该值不宜设置过大
4	检测窗口大小	条码区域定位窗口的大小。默认值为 4，当条码中空白间隔比较大时，可以设置得更大，比如 8，但一般也要保证条码高度是窗口高度的 6 倍左右；取值范围为 4 ~ 65
5	静区宽度	静区指条码左右两侧空白区域的宽度，默认值为 30，稀疏时可尝试设置为 50
6	去伪过滤尺寸	算法支持识别的最小条码宽度和最大条码宽度，默认为 30 ~ 2400
7	超时退出时间	算法运行时间超出该值，则直接退出，当设置为 0 时以实际所需算法耗时为准，单位为 ms

项目实施

本次任务以"条码"识别为例进行 Vision Master 流程的搭建，步骤如下。
① 在"采集"选项中，添加"图像源"，如图 2-5-5 所示。

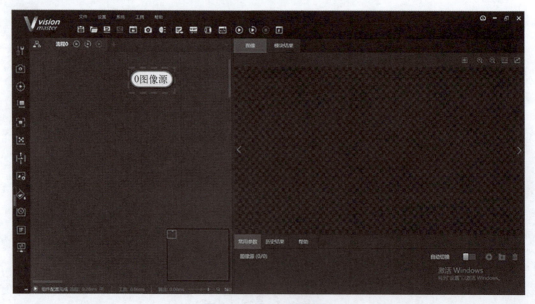

图 2-5-5　添加"图像源"

② 设置"图像源",如图 2-5-6 所示。

图 2-5-6 设置"图像源"

③ 在"识别"选项中,添加"条码识别"功能模块,如图 2-5-7 所示。

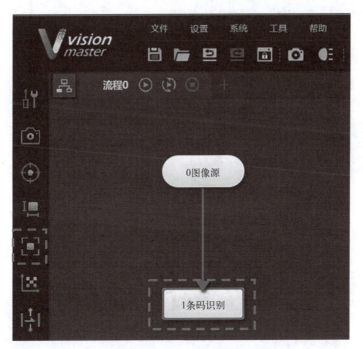

图 2-5-7 添加"条码识别"

④ 双击"条码识别",弹出设置菜单,设置"条码识别",ROI 区域选择局部,"运行参数"设置如图 2-5-8 所示。

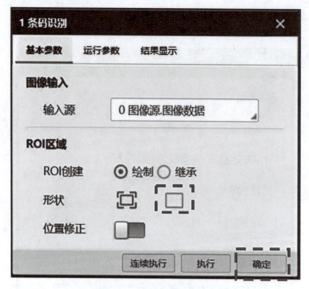

图 2-5-8 基本参数设置

⑤ 条码类型全勾选（在不确定条码类型的情况下），单击"确定"，如图 2-5-9 所示。

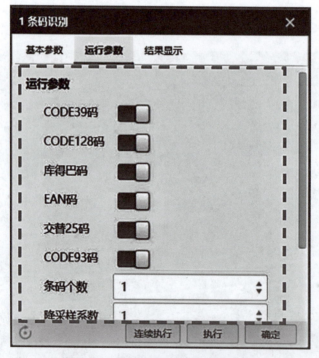

图 2-5-9 条码识别主要运行参数设置

⑥ 条码识别其他参数设置如图 2-5-10 所示。

⑦ 单击"执行"，检测结果显示如图 2-5-11 所示，其中"编码信息"记录了条码的数据信息。

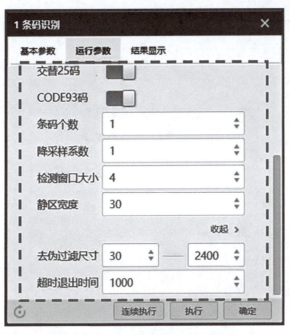

图 2-5-10 条码识别其他参数设置

图 2-5-11 条码检测结果

至此，完成条码识别的任务。

重难点记录

 项目评价

通过本项目了解工业常用的码制识别原理，搭建二维码识别流程，掌握二维码识别方法。项目评价如表 2-5-3 所示。

表 2-5-3　项目评价

项目	训练内容与分值	训练要求	学生自评	教师评分
条形码识别	条形码识别基础，20 分	1. 二维码识别； 2. 条形码识别		
	"条形码"识别流程搭建，30 分	1. 添加"图像源"及"光源"，完成拍照； 2. "条形码识别"功能模块的设置； 3. 完成"条形码识别"； 4. 在主屏上显示条形码结果		
	"条形码"识别 Vision Master 通信的建立，20 分（参考"颜色识别"）	1. 建立通信管理； 2. 正确设置目标端口和目标 IP		
	"条形码"识别 PLC 程序实现，20 分（参考"颜色识别"）	1. PLC 端 TCP 通信设置； 2. PLC 程序实现		
	职业素养与创新思维，10 分	1. 积极思考、举一反三； 2. 分组讨论、独立操作； 3. 遵守纪律，遵守实训室管理制度		
	总分			

学生：　　　　　　　　教师：　　　　　　　　日期：

模块三

拓展——Vision Pro 的基本应用

Vision Pro 是一种先进的视觉处理系统，它利用计算机视觉和人工智能技术，对图像和视频进行高效、准确的处理和分析。该系统能够模拟人类的视觉感知能力，实现对复杂场景的理解、识别和跟踪等功能。通过 Vision Pro，可以从海量的图像和视频数据中提取出有价值的信息，为各种应用提供智能化的解决方案。本模块主要是熟悉 Vision Pro，掌握 Vision Pro 简单操作，为后续学习打下基础。

模块目标：简单了解 Vision Pro 使用流程；使用 Vision Pro 进行长度测量、半径测量、孔位数量检测、瑕疵检测等。

（一）Vision Pro 基础

Vision Pro 应用多样：在工业自动化领域，Vision Pro 可以用于质量检测、物体识别、定位抓取等任务；在智能交通领域，Vision Pro 可以用于车辆检测、交通拥堵分析、违章行为识别等任务，该系统能够为交通管理部门提供实时的交通信息和智能化的管理手段，提高交通运行效率和安全性；在安全监控领域，Vision Pro 可以用于人脸识别、行为分析、异常检测等任务，通过该系统可以实现对公共场所和重点区域的实时监控和智能化管理，提高安全保障能力；在医疗领域，Vision Pro 可以用于医疗影像的分析和处理，该系统能够帮助医生快速准确地识别病变区域，提高诊断效率和准确性。

Vision Pro 的特点如下。

高效性：Vision Pro 采用了先进的算法和硬件加速技术，能够快速处理大量的图像和视频数据，实现实时或准实时的处理效果。

准确性：该系统具备高度的准确性和稳定性，能够在各种复杂场景下准确识别目标对象，并进行精确的定位和跟踪。

灵活性：Vision Pro 支持多种图像和视频格式，能够适应不同的应用场景和需求。同时，它还提供了丰富的接口和工具，方便用户进行二次开发和定制。

可扩展性：该系统具有良好的可扩展性，能够与其他系统进行无缝对接，实现功能的拓展和升级。

随着人工智能技术的不断发展和进步，Vision Pro 将会迎来更加广阔的发展前景。未来，该系统将会更加智能化、高效化和集成化，能够更好地满足各种应用场景的需求。同时，随着 5G、物联网等新技术的不断普及和应用，Vision Pro 将会与这些技术进行深度融合，实现更加智能化和高效化的应用场景。

（二）Vision Master 与 Vision Pro 的区别

Vision Master 是海康威视开发的一款国内机器视觉软件。Vision Pro 由 Cognex 公司开发，是一款成熟的机器视觉软件，广泛应用于工业自动化领域。这两款软件的区别如下。

1. 使用场合

Vision Master 是一款相对较新的机器视觉软件，它通常被用于简单到中等复杂度的视觉检测任务，例如尺寸测量、缺陷检测、条形码和二维码识别等。Vision Master 提供了灵活的软件框架和开发工具，允许开发者根据需求进行高度定制。它的用户界面友好，对于中小型企业或者初创企业来说，Vision Master 能够快速部署，满足基本的视觉检测需求。

Vision Pro 拥有直观的图形用户界面，并提供了一系列强大的视觉工具，如图像增强、目标定位、缺陷检测等。Vision Pro 适用于那些对视觉检测精度和速度有较高要求的场合。

2. 工作效率

Vision Master 的工作效率对于中等复杂度的任务来说是足够的，其算法优化和处理速度能够满足一般应用的需求。它的简单性在快速开发和部署中起到了很大的优势作用，可以在较短的时间内完成视觉系统的搭建。

相比之下，Vision Pro 提供了更为高效和强大的图像处理能力。它支持多线程和分布式处理，可以利用高性能硬件加速图像处理任务。对于大批量或高速的生产线，Vision Pro 能够提供稳定和快速的检测性能。

3. 性价比

Vision Master 的性价比较高。它能够以较低的成本满足基本的视觉检测需求，并且在一定程度上支持后期的升级和扩展。相对于其他商业软件，Vision Master 可能提供更具竞争力的定价，性价比较高。

Vision Pro 的价格通常高于 Vision Master，但它提供了更为强大的功能和更高的可靠性。对于那些需要高精度、高速度检测的企业来说，Vision Pro 的高性价比体现在其高效的性能和低维护成本上。

Vision Master 和 Vision Pro 各有所长，适合不同的应用场景和用户需求。在选择机器视觉软件时，需要根据项目的具体需求、预算和开发资源来做出决策。Vision Master 提供了一定程度的定制性，可能适合预算有限的中小企业。Vision Pro 则更适合高性能的工业应用。

任务一　基于 Vision Pro 的长度测量

任务描述

测量零件尺寸 W，并将结果标注在界面上，测量示例如图 3-1-1 所示。

图 3-1-1　零件宽度测量示例

任务实施

宽度测量流程，如图 3-1-2 所示。

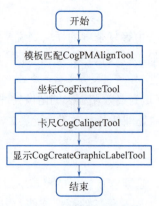

图 3-1-2　宽度测量流程

按照流程图，进行测量，步骤如下。

① 打开零件文件夹，双击 Image Source，打开图像源，如图 3-1-3 所示。

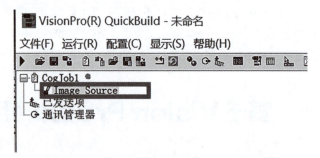

图 3-1-3　打开图像源

② 打开图像所在的文件夹，或者选择打开一幅图像，如图 3-1-4 所示。

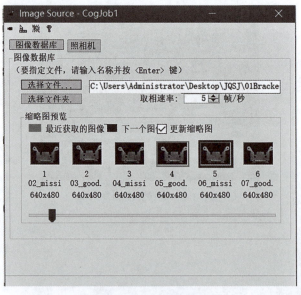

图 3-1-4　打开图像

③ 打开工具箱，如图 3-1-5 所示。

图 3-1-5　打开工具箱

④ 模板匹配。

a. 选择模板匹配工具：CogPMAlignTool，如图 3-1-6 所示。

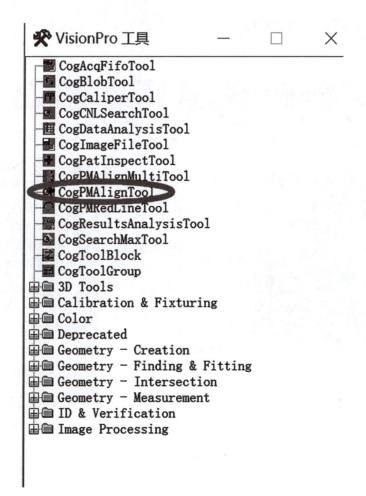

图 3-1-6　CogPMAlignTool 工具

b. 通过拖拉，把图像传给 CogPMAlignTool，如图 3-1-7 所示。

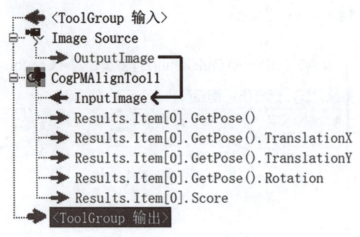

图 3-1-7　CogPMAlignTool 加载图像

　　c. 双击模板匹配工具 CogPMAlignTool 进行设置，选择 "Current.TrainImage"，如图 3-1-8 所示。

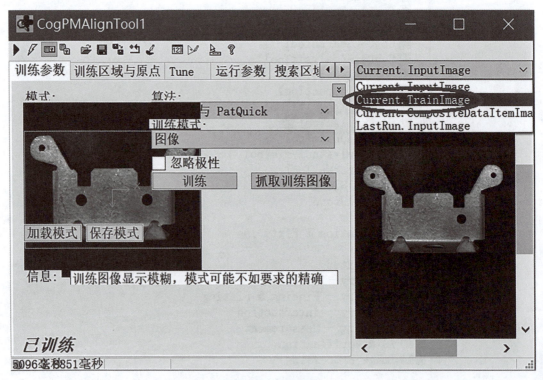

图 3-1-8　训练图像

　　d. 单击训练，选择 "运行参数"，选择下限 -180 和上限 180，如图 3-1-9 所示。

　　e. 图形设置，选择 "显示精细"，如图 3-1-10 所示。

　　"CogPMAlignTool" 设置完成后，关闭对应窗口。

　　⑤ 坐标转换。

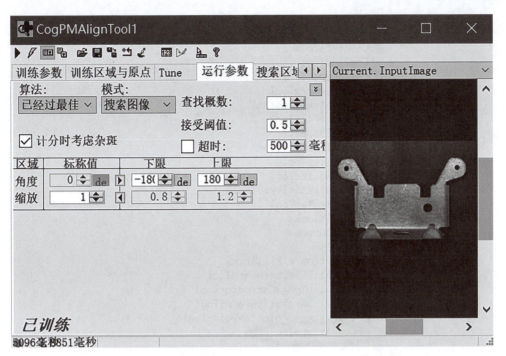

图 3-1-9 运行参数设置

图 3-1-10 图形设置

a. 打开坐标工具，用于转换坐标，选择"CogFixtureTool"，如图 3-1-11 所示。

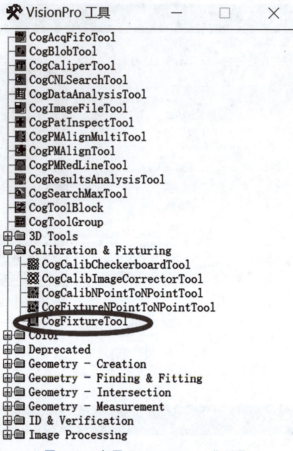

图 3-1-11　打开"CogFixtureTool"工具

b. 把原始图像输入至"CogFixtureTool",如图 3-1-12 所示。

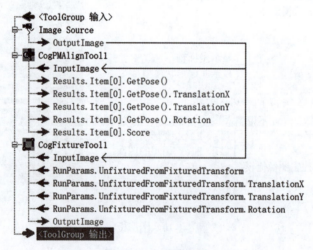

图 3-1-12　加载图像

c. 设置坐标转换,把 PMA 的坐标信息加载进来,重建坐标,如图 3-1-13 所示。

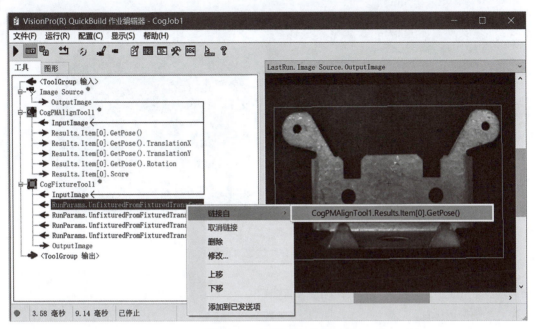

图 **3-1-13**　加载坐标信息

设置完成后，单击"运行"，关闭相应设置窗口。

⑥ 执行测量。

a. 卡尺的测量，选择"CogCaliperTool"并加载卡尺测量图像，如图 3-1-14 所示。

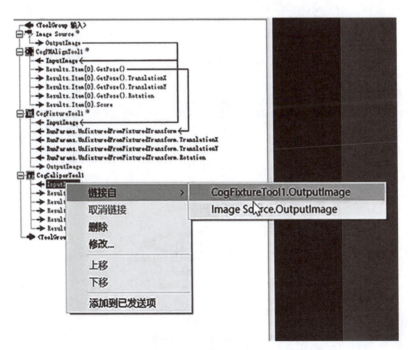

图 **3-1-14**　选择卡尺工具"**CogCaliperTool**"

b. 设置"测量边缘对"如图 3-1-15 所示。

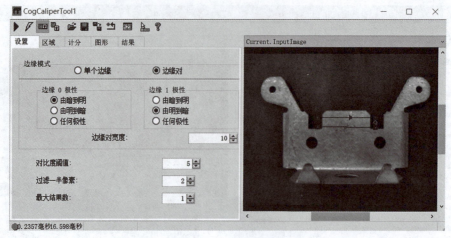

图 3-1-15 边缘对设置

设置完成后，单击运行，关闭相应设置窗口。

⑦ 图像的标注。

a. 添加 "CogCreateGraphicLabelTool"，如图 3-1-16 所示。

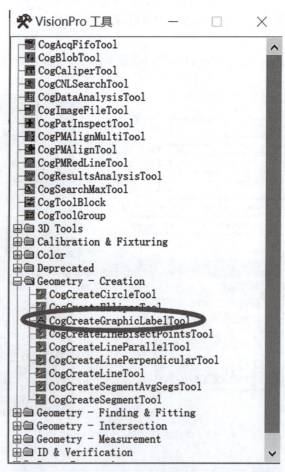

图 3-1-16 添加 "CogCreateGraphicLabelTool" 工具

b. 加载图像，如图 3-1-17 所示。

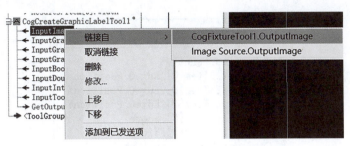

图 3-1-17 加载图像

c. 右击"CogCaliperTool1"添加终端，如图 3-1-18 所示。

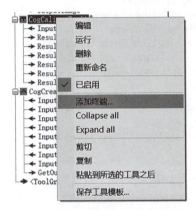

图 3-1-18 添加终端

d. 将宽度信息添加输出，如图 3-1-19 所示。

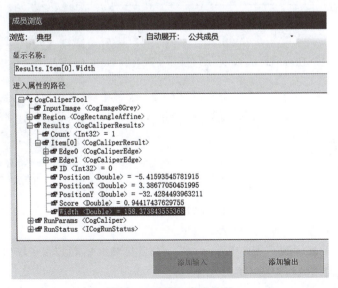

图 3-1-19 添加宽度信息

e. 将宽度信息输入至"InputDouble",如图 3-1-20 所示。

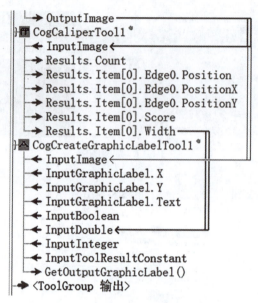

图 3-1-20 宽度信息加载

f. 双击"CogCreateGraphicLabelTool1"进行输出设置,如图 3-1-21 所示。

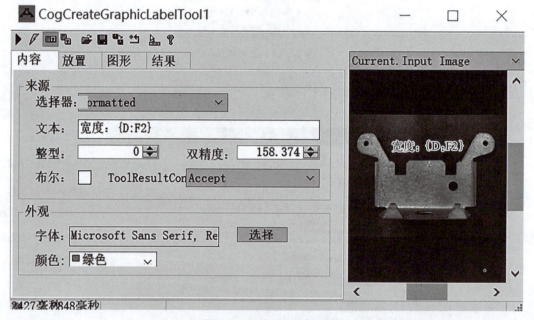

图 3-1-21 宽度信息设置

选择器有"InputDouble"和"Formatted"(格式化输出),可以自由输出。

⑧ 整体宽度测量流程如图 3-1-22 所示。

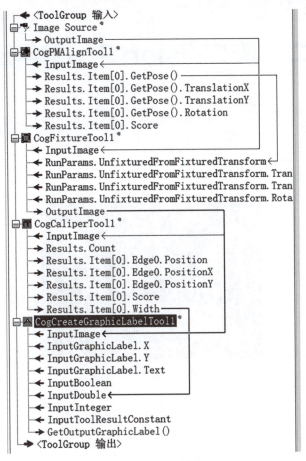

图 3-1-22　宽度测量流程

⑨ 测量结果如图 3-1-23 所示。

图 3-1-23　宽度显示

至此，完成长度测量中的宽度测量。

任务二　基于Vision Pro的半径测量

任务描述

测量零件半径，并将结果标注在界面上，如图 3-2-1 所示。

图 3-2-1　半径测量

任务实施

半径测量流程如图 3-2-2 所示，其中，要测几个圆，则使用几次找圆工具。

图 3-2-2　半径测量流程

按照流程图，进行半径测量，步骤如下。

① 添加找圆工具，如图 3-2-3 所示。

② 两个圆添加两次，其他流程的添加参照"任务一 基于 Vision Pro 的长度测量"。圆的参数设置如图 3-2-4 所示。

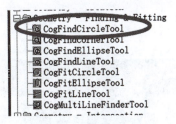

图 3-2-3 添加找圆工具

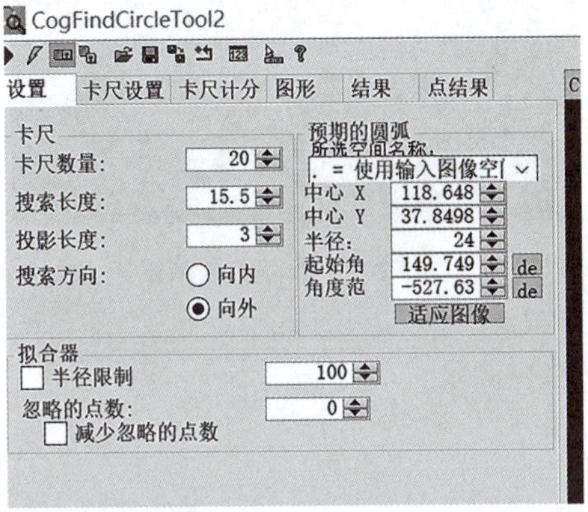

图 3-2-4 圆参数设置

③ 半径测量整体流程如图 3-2-5 所示。

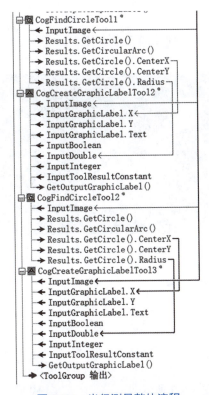

图 3-2-5 半径测量整体流程

半径测量结果如图 3-2-6 所示。

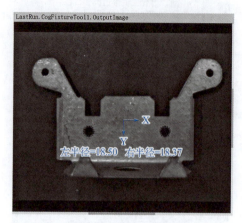

图 3-2-6　半径测量结果

至此，完成零件中圆的半径测量。

任务三　基于Vision Pro的零件孔位数量检测

 任务描述

零件孔位数量检测与统计，统计结果实例如图 3-3-1 所示。

图 3-3-1　孔径个数统计

 任务实施

（一）孔径个数检测

孔径个数统计流程图如图 3-3-2 所示。

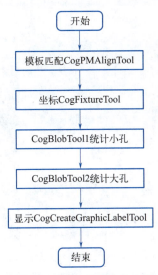

图 3-3-2　孔径个数统计流程

孔径个数统计步骤如下。

① 加载图像、坐标转换 "任务一 基于 Vision Pro 的长度测量"。

a. 成功加载图像，完成坐标转换后，添加斑点工具 "CogBlobTool"，如图 3-3-3 所示。

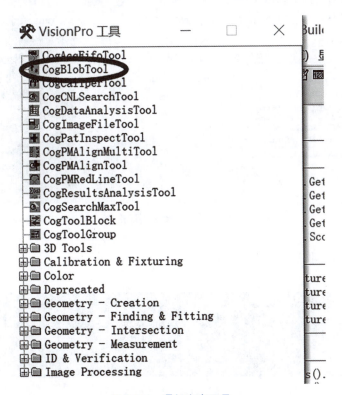

图 3-3-3　添加斑点工具

b. 双击打开 CogBlobTool，选择白底黑点，如图 3-3-4 所示。

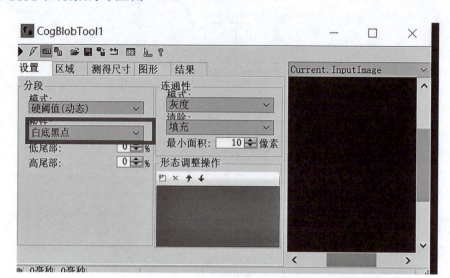

图 3-3-4　"CogBlobTool"设置

c. 根据实际测量需求，选择矩形框或仿射矩形框，如图 3-3-5 所示。

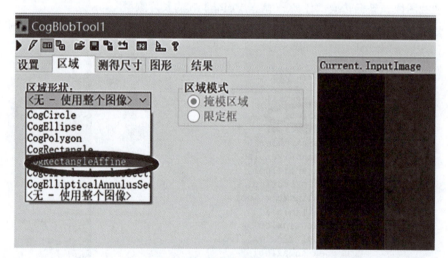

图 3-3-5　选择仿射矩形框

d. 框选中两个小圆，如图 3-3-6 所示。

图 3-3-6　框选小圆

e. 根据运行数据设置斑点范围，如图 3-3-7 所示。

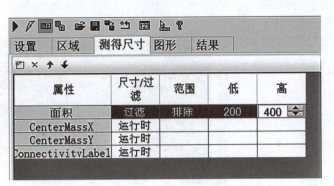

图 3-3-7 设置斑点范围

f. 重复步骤 b 到步骤 e，计算大孔个数。

② 统计孔径个数。

a. 添加 CogToolBlock 工具，如图 3-3-8 所示。

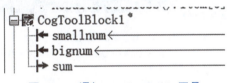

图 3-3-8 添加 CogToolBlock 工具

b. 把小孔、大孔的个数给 CogToolBlock，如图 3-3-9 所示。

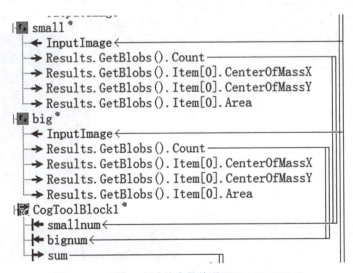

图 3-3-9 小孔、大孔的个数传送至 CogToolBlock

c. 添加整型输出，如图 3-3-10 所示。

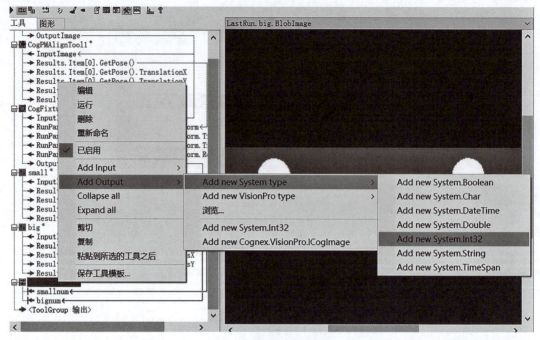

图 3-3-10 添加整型输出

d. 右击"CogToolBlock1"的 C# 简单脚本，如图 3-3-11 所示，进行简单运算。

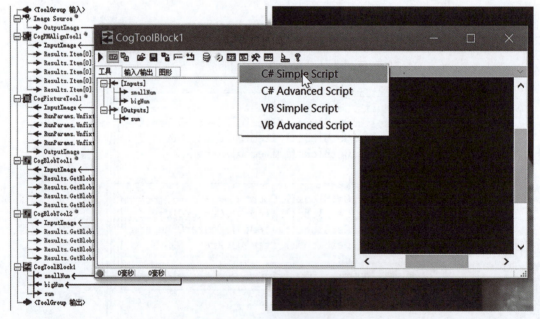

图 3-3-11 添加 C# 简单脚本

e. 数据相加的脚本如图 3-3-12 所示。

```
public class CogToolBlockSimpleScript : CogToolBlockAdvancedScript
{
    /// <summary>
    /// Called when the parent tool is run.
    /// Add code here to customize or replace the normal run behavior.
    /// </summary>
    /// <param name="message">Sets the Message in the tool's RunStatus.</param>
    /// <param name="result">Sets the Result in the tool's RunStatus</param>
    /// <returns>True if the tool should run normally,
    ///          False if GroupRun customizes run behavior</returns>
    public override bool GroupRun(ref string message, ref CogToolResultConstants result)
    {
        // To let the execution stop in this script when a debugger is attached, uncomment the following lines.
        // #if DEBUG
        // if (System.Diagnostics.Debugger.IsAttached) System.Diagnostics.Debugger.Break();
        // #endif

        //在此处写代码
        Outputs.sum = Inputs.smallNum + Inputs.bigNum;


        return false;
    }
}
```

图 3-3-12　数据相加脚本

③ 最后进行图形标签显示，如图 3-3-13 所示。

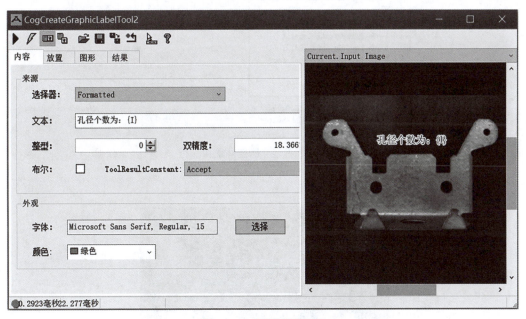

图 3-3-13　图形标签显示

④ 孔径个数整体测量流程如图 3-3-14 所示。

⑤ 显示结果如图 3-3-15 所示。

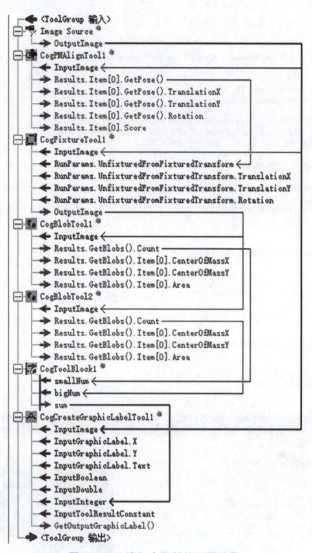

图 3-3-14　孔径个数整体测量流程

图 3-3-15　孔径个数显示

至此，成功检测出孔径个数，并显示出来。

（二）APP 的生成

① 打开 Vision Pro 应用程序向导，如图 3-3-16 所示。

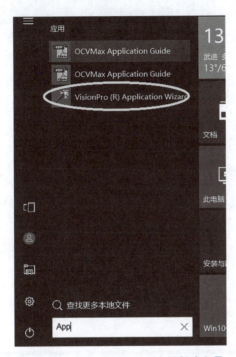

图 3-3-16　打开 Vision Pro 应用程序向导

② 指定 Vision Pro 工程文档，如图 3-3-17 所示。

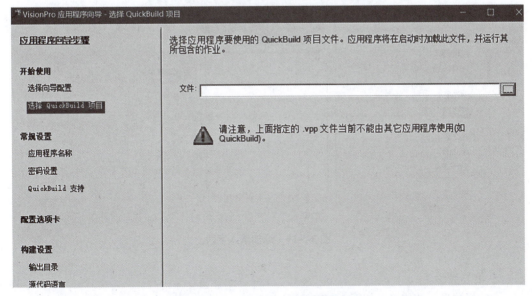

图 3-3-17　指定 Vision Pro 工程文档

③ 修改标题名称，如图 3-3-18 所示。

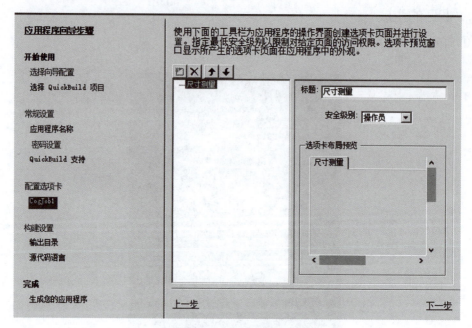

图 3-3-18 修改标题名称

④ 添加输入字段，如图 3-3-19 所示。

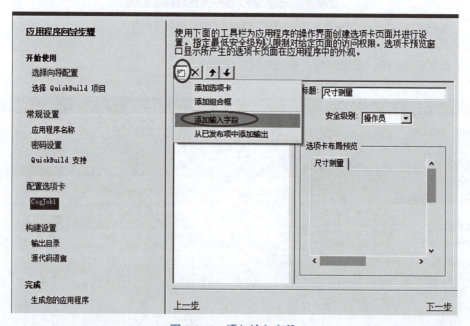

图 3-3-19 添加输入字段

⑤ 信息显示。

a.选择要显示的信息，如图 3-3-20 所示。

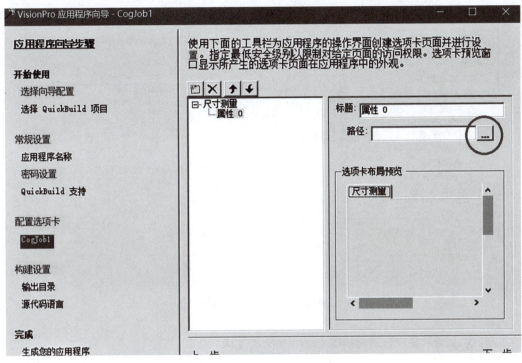

图 3-3-20　选择要显示的信息

b. 点开扩展后，选择需要显示的信息，如图 3-3-21 所示。

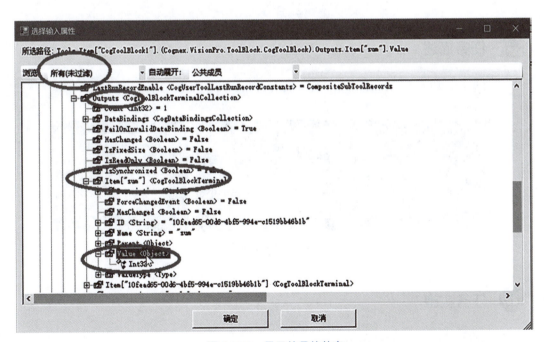

图 3-3-21　显示的具体信息

⑥ 输出目录设置，如图 3-3-22 所示。

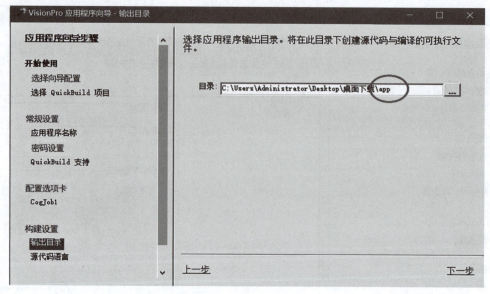

图 3-3-22　输出目录设置

至此，完成孔径个数的检测以及对应 APP 的生成。

任务四　基于Vision Pro的零件瑕疵检测

 任务描述

零件瑕疵检测如图 3-4-1 所示。

图 3-4-1　零件瑕疵检测

 任务实施

瑕疵检测流程如图 3-4-2 所示。

瑕疵检测步骤如下。

① 图 3-4-2 所示的瑕疵检测流程采用了直方图统计"CogHistogramTool"，通过分析直方图的数值来分析零件是否有瑕疵，整体流程如图 3-4-3 所示。

图 3-4-2　瑕疵检测流程

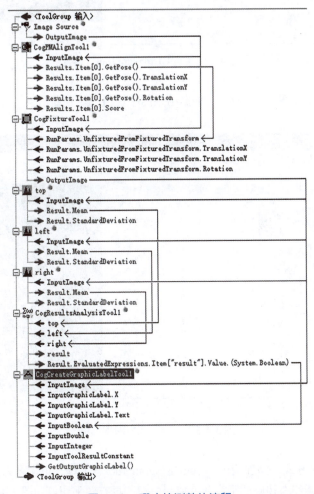

图 3-4-3　瑕疵检测整体流程

② 在瑕疵检测过程中主要注意"CogHistogramTool""CogResultsAnalysisTool"两种工具。"CogHistogramTool"主要用来分析一幅图的平均灰度值。修改"CogHistogramTool1"为"top"，双击"top"打开直方图设置窗口如图 3-4-4 所示，框选零件顶部。

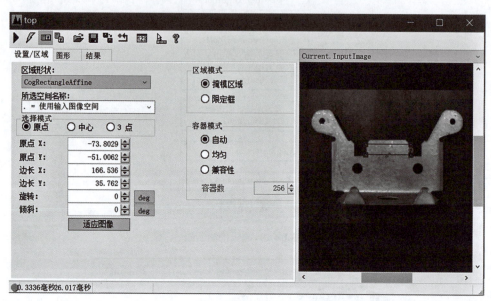

图 3-4-4 "CogHistogramTool"设置

③ top 结果显示如图 3-4-5 所示，根据结果的平均值进行判断。

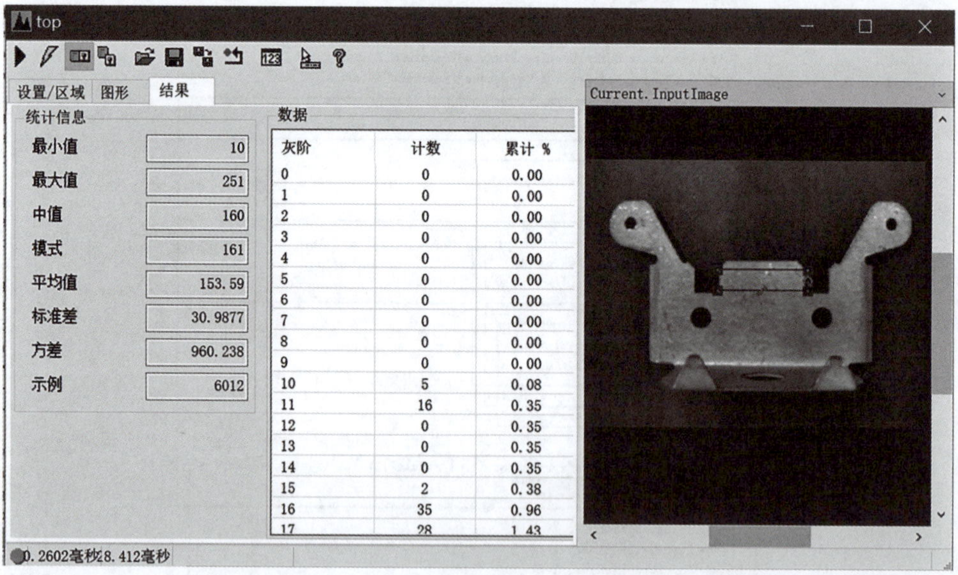

图 3-4-5 "top"直方图平均值

④ 按照同样的方式，添加两个"CogHistogramTool"工具，重命名为"left"和"right"，分别测量零件左边圆和右边圆的平均灰度值。"left"直方图平均值如图 3-4-6 所示。

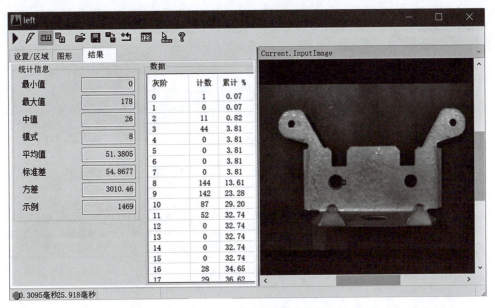

图 3-4-6 "left" 直方图平均值

⑤ 在完成 "top" "left" 及 "right" 的平均灰度值测量后，添加 "CogResultsAnalysis
Tool1" 算法，如图 3-4-7 所示。

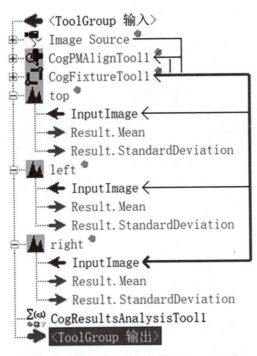

图 3-4-7 添加 "CogResultsAnalysisTool1"

⑥ 双击 "CogResultsAnalysisTool1"，进入设置，添加三个输入，分别为 "top" "left" 及
"right" 三个输入，如图 3-4-8 所示。

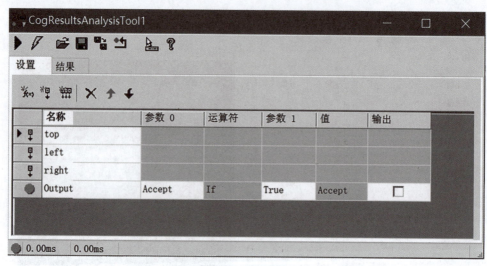

图 3-4-8　添加输入

⑦ 关闭"CogResultsAnalysisTool1"窗口，回到作业窗口。这时"CogResultsAnalysis Tool1"工具下出现三个新建的参数。通过拖拽，将对应数据传送给"CogResultsAnalysis Tool"的三个参数，如图 3-4-9 所示。

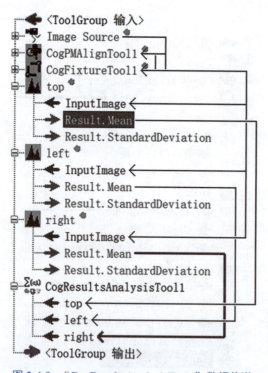

图 3-4-9　"CogResultsAnalysisTool1"数据传送

⑧ 再次打开双击"CogResultsAnalysisTool1"工具，在设置界面进行简单的逻辑运算，并把运算结果输出，如图 3-4-10 所示。

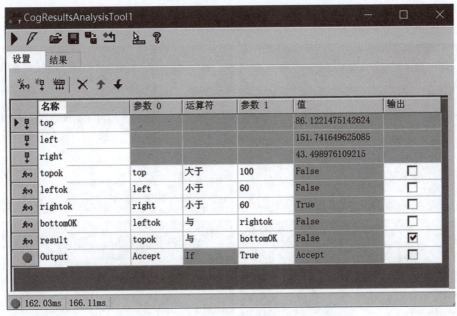

图 3-4-10　"CogResultsAnalysisTool1" 判断

⑨ "result" 的值不能直接用于输出，需要另外添加终端。右击 "CogResultsAnalysis Tool1" 工具，添加终端，选择 "Result.EvaluatedExpressions.Item［"result"］.Value.（System. Boolean）"，如图 3-4-11 所示。

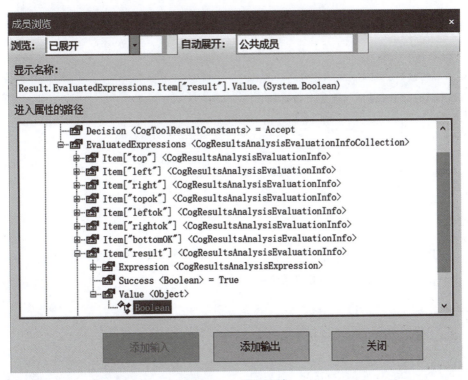

图 3-4-11　添加终端

⑩ 添加"CogResultsAnalysisTool1"工具进行结果显示，如图 3-4-12 所示。

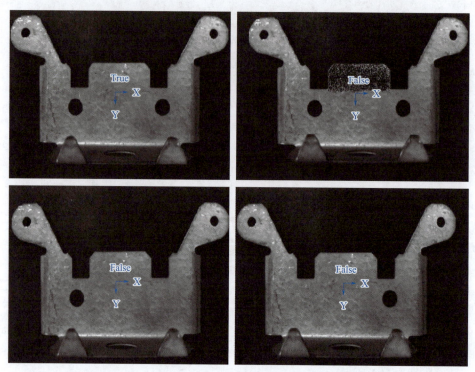

图 3-4-12　"CogResultsAnalysisTool1"工具运行结果显示

⑪ 若采用"CogToolBlock"工具，也可以进行结果的判断，C# 简单脚本语言的编写如下。

```
if ( Inputs.jieguo == true)
{
  Outputs.Output = "这是个合格品！";
}

else

{
  Outputs.Output = "这是个瑕疵品！";

}
```

或者：

```
if( Inputs.top > 100 && Inputs.left < 60 && Inputs.right < 60)
{
  Outputs.Output = "这是个合格品！";
}
else
{
  Outputs.Output = "这是个合格品！";
}
return false;
```

⑫ 添加"CogCreateGraphicLabelTool1"工具进行结果显示，如图 3-4-13 所示。

图 3-4-13　"CogCreateGraphicLabelTool 1"工具运行结果显示

　　拓展篇通过 Vision Pro 的基本操作，实现了长度测量、半径测量、孔位数量检测、瑕疵检测，也可以生成对应的 APP。通过本模块的操作，可掌握 Vision Pro 的检测流程。另外，借助 Vision Pro，还可以访问功能较强的图形匹配、斑点工具、卡尺工具、OCR 和 OCV 视觉工具库，以及条形码和二维码的读取，以执行检测、识别等功能。

参考文献

［1］余文勇，石绘.机器视觉自动检测技术［M］.北京：化学工业出版社，2019.

［2］刘韬，葛大伟.机器视觉及其应用技术［M］.北京：机械工业出版社，2023.

［3］刘凯，蒋庆斌，周斌.机器视觉技术及应用［M］.北京：高等教育出版社，2021.

［4］肖苏华.机器视觉技术基础［M］.北京：化学工业出版社，2021.

［5］陈兵旗，梁习卉子，陈思遥.机器视觉技术：基础及实践［M］.北京：化学工业出版社，2023.

［6］程光.机器视觉技术［M］.北京：机械工业出版社，2019.

［7］唐霞，陶丽萍.机器视觉检测技术及应用［M］.北京：机械工业出版社，2021.

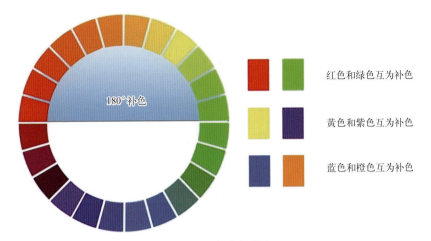

红色和绿色互为补色

黄色和紫色互为补色

蓝色和橙色互为补色

图 1-1-39　颜色与补色

白光　　　　　　　红光

蓝光　　　　　　　绿光

图 1-1-40　使用不同光源照射的不同效果

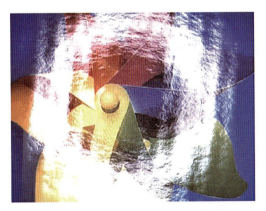

图 1-1-42　偏光技术应用

(a) 单个瓶盖   (b) 多个瓶盖

图 1-1-43　啤酒瓶盖

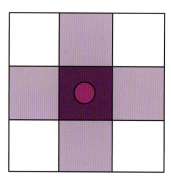
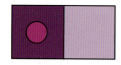

图 1-2-18　结构元素

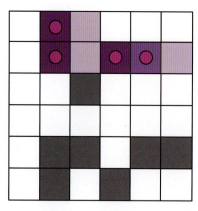

结构元素

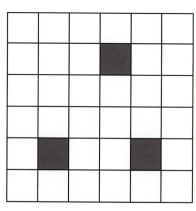

图 1-2-20　腐蚀的运算

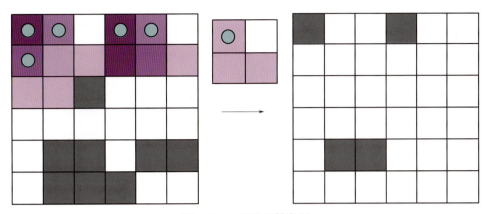

图 1-2-21　腐蚀运算举例

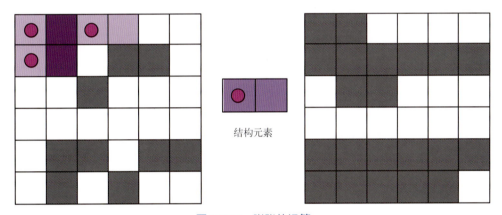

结构元素

图 1-2-24　膨胀的运算

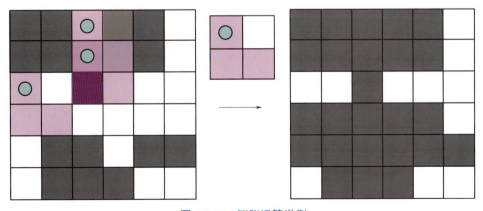

图 1-2-25　膨胀运算举例

图 2-2-1 三种不同颜色物料

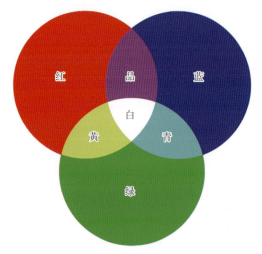

图 2-2-3 三原色

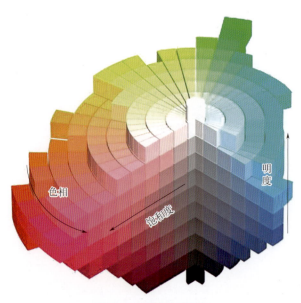

图 2-2-4 色彩三要素